设 计 必 修 课

住宅空间布局与动线优化

祝彬 黄佳 编著

ZHUZHAI
KONGJIAN
BUJU YU
DONGXIAN
YOUHUA

化学工业出版社

·北 京·

本书以住宅内部空间布局和动线优化为主要内容，全面介绍了布局与动线的设计方法、布置依据和一些不良现状的改进方式，书中还列举了数十个优秀案例，通过多角度的分析来总结规律，以便给读者参考。

本书可供室内设计人员和在校学生使用，可以作为初步设计时的参考用书。

图书在版编目（CIP）数据

设计必修课．住宅空间布局与动线优化 / 祝彬，黄佳编著．—北京：化学工业出版社，2020.1（2023.8重印）
ISBN 978-7-122-35502-7

Ⅰ．①设… Ⅱ．①祝…②黄… Ⅲ．①住宅—室内装饰设计 Ⅳ．① TU238.2

中国版本图书馆 CIP 数据核字（2019）第 235716 号

责任编辑：王　斌　孙晓梅　　　　装帧设计：尹琳琳
责任校对：边　涛

出版发行：化学工业出版社(北京市东城区青年湖南街13号　邮政编码100011)
印　装：北京建宏印刷有限公司
710mm×1000mm　1/16　印张13　字数260千字　2023年8月北京第1版第4次印刷

购书咨询：010-64518888　　　售后服务：010-64518899
网　址：http://www.cip.com.cn
凡购买本书，如有缺损质量问题，本社销售中心负责调换。

定　价：78.00元

前言
PREFACE

　　住宅的空间布局与动线优化的重点是重新认识居住者的需要、居住者的活动以及这些活动对于布局和动线的影响。虽然住宅的内部空间并不大，却是承载着一切基础性活动的场所，如何通过户型的优化让布局和动线井井有条、舒适方便，便是此书的主要内容。

　　本书通过四个章节来说明和分析布局和动线优化，分别为住宅空间的功能及布局、住宅空间的动线设计、功能空间的布局方式及合理动线设置、根据户型案例优化动线的方案剖析，深入浅出地讲解布局和动线的相关知识，并提出一些优化的思路，最后运用实践案例对知识进行巩固和拓展，令读者能够更加准确地掌握住宅空间布局和动线优化的方法和技巧。

目 录
CONTENTS

001 | **第一章 住宅空间的功能及布局**

一、住宅空间的功能 / 002

1. 住宅基本功能的时代演化 2. 住宅空间的功能分区 3. 住宅布局分割方式

4. 住宅空间布局要点 5. 住宅各部分空间尺度需求

二、住宅户型的布置方式 / 018

1. 餐厅厨房型（DK 型） 2. 小方厅型（B·D 型） 3. 客厅型（LBD 型） 4. 起居餐厨合一型（LDK 型） 5. 三维空间组合

三、住宅户型常见的不良布局 / 026

1. 采光不良 2. 走道狭长 3. 零小空间 4. 畸形空间 5. 分区欠妥 6. 缺乏隐私

7. 动线不当

033 | **第二章 住宅空间的动线设计**

一、住宅空间的动线分析及划分 / 034

1. 住宅空间动线的含义 2. 住宅空间的动线划分

二、室内动线优化设计的手法 / 038

1. 住宅空间的动线布局方案 2. 人体工程学尺寸与动线

053 | **第三章 功能空间的布局方式及合理动线设置**

一、玄关设计 / 054

1. 玄关的作用及常见类型 2. 玄关的格局与动线需求 3. 常见玄关的布局方式
4. 玄关的合理动线尺寸 5. 玄关布局与动线的优化应用

二、客厅设计 / 062

1. 客厅的作用及功能分区 2. 客厅的格局与动线需求 3. 沙发茶几式核心区布
置 4. 客厅家具的合理动线尺寸 5. 客厅布局与动线优化的应用

三、餐厅空间设计 / 076

1. 餐厅的作用及功能分区 2. 餐厅的格局与动线需求 3. 常见的餐厅布置方式
4. 餐厅家具的合理动线尺寸 5. 餐厅布局与动线优化应用

四、卧室空间设计 / 088

1. 卧室的作用及功能分区 2. 卧室的格局与动线需求 3. 不同卧室间的关联设置
4. 卧室的布置方式 5. 卧室家具的合理动线尺寸 6. 卧室布局与动线的优化应用

五、厨房空间设计 / 104

1. 厨房功能分区 2. 厨房的格局与动线需求 3. 厨房的常见布局方式
4. 厨房家具的合理动线尺寸 5. 厨房布局与动线优化应用

六、卫浴空间设计 / 120

1. 卫浴间的功能分区 2. 卫浴间的布置形式 3. 卫浴间的格局与动线需求
4. 卫浴洁具的合理动线尺寸 5. 卫浴间布局与动线的优化应用

133 | **第四章 根据户型案例优化动线的方案剖析**

整合功能空间，小面积内的大享受 / 134

灵活的门、窗、帘使用法则 / 140

分区隐性共融，打造联动空间 / 144

保护主卧隐私的动线改造 / 148

玻璃分割，一种通透感与设计感相结合的方式 / 154

小面积也能享受的齐全的居住功能 / 160

转起来的动线更有趣 / 164

多种多样的功能区分割法 / 168

打造方便的家务动线 / 174

小公寓中的动线合并法 / 178

开放与隐秘并存的大空间格局动线规划 / 184

好客的家庭，宾至如归的规划方式 / 188

根据实际需求设计的空间围合术 / 192

创造两代人共享的空间，但又能保持各自独立性 / 196

清晰的空间布置有助于动线规划 / 200

住宅空间的功能及布局

第一章

住宅是供家庭日常居住使用的建筑物，是人们为满足家庭生活需要，利用自己掌握的物质技术手段创造的人造环境。所以在设计住宅时，不仅要了解居住者的喜好，也要摸清住宅房屋的特点，面对不同的住宅户型，要能知道它们的特点与要求，才能设计出合适的住宅空间。

扫码下载本章课件

一、 住宅空间的功能

学习目标	本小节重点讲解住宅空间的功能分区。
学习重点	了解住宅空间的基本功能演变，掌握功能分区的要点。

1 住宅基本功能的时代演化

　　随着经济和房地产的高速发展，现代社会人们的生活水平逐渐提高，伴随着现代科技的发展，人们对居住的要求也越来越高，不论是居住模式、生活习惯，还是居住者对居住空间的艺术品位的要求，都有大幅的提升。

（1）功能模糊多样化

　　现代社会人们的生活节奏越来越快，工作和生活的效率越来越高，在外工作的时间逐渐加长，有时候甚至将工作带回家中，加上电子产品和网络社会的全面普及，人们的生活模式和习惯较之以前都有较大的变化。人们与外界的沟通，对信息的摄取，都可能随时渗透到日常起居、用餐、休息、盥洗等空间中去。很多空间，比如客厅，除了传统的会客、交流功能以外，还可能同时具有阅读、办公甚至健身的作用。

↑ 现代客厅的功能不再局限于会客、聚会等传统社交功能，也可以包含阅读、办公等其他功能

（2）智能化

随着社会信息化的普及，人们的工作、生活和通讯、信息的关系变得密不可分，信息化社会在改变人们生活方式与工作习惯的同时，也逐渐渗透到传统的住宅中去。社会、技术以及经济的进步更使人们的观念随之改变，人们对家居的要求早已不只是一个简单的起居空间，更为关注的是一个安全、方便、舒适的居家环境。

家居智能化，将与家居生活有关的系统有机地结合在一起，通过统筹管理，让家居生活更加舒适、安全、有效。

与普通家居相比，家居智能化不仅具有传统的居住功能，提供舒适、安全、高品位且宜人的家庭生活空间，还能提供全方位的信息交换功能，帮助家庭与外部保持信息交流通畅，优化人们的生活方式，还能帮助人们有效安排时间，增强家居生活的安全性，甚至在各种能源费用上节约资金。

链接

家居智能化包括：家居智能化系统、家居布线系统、家居安防系统、远程计量系统、家电自动化系统以及家居信息服务。

↑ 智能化的灯控装置，可以根据室内明暗程度来调节光线亮度，满足不同灯光需求

↑ 自动化的厨卫设备，减少无效工作的时间浪费，使生活更加便利化

（3）个性化

工业化的房地产开发，给社会带来了格局、面貌相近相似的楼房、户型、室内设备，甚至影响了人们的生活模式。而在现今物质与精神文明极为丰富的社会中，每个家庭、每个个体对生活居住的需求都千差万别，加上信息传递的高效率，人们也对自己的居住空间有着更为细致和个性的要求，这体现在：

不同家庭成员结构，导致不同的生活模式；

不同家庭或者个体的不同的生活习惯，导致不同的空间布局；

不同的审美情趣，导致不同的设计装饰风格的定制。

↑由于生活习性和审美爱好的不同，相同的餐厅空间也会出现完全不同的设计，这也是住宅个性化的体现

（4）绿色环保化

为了给自己和家人一个健康、安全的居住环境，在室内装修的材料和工艺上，人们变得越来越谨慎和挑剔，主要在以下几个方面实现家居装修的绿色环保化。

设计：方案设计要简洁、实用，如果空间面积小，那么应尽可能地少使用人造板材。设计时还要充分考虑室内的空气流通，因为正规厂家生产的油漆、乳胶漆中的甲醛，只要通过一定时间的通风释放，其含量都会降到规定标准以下。

↑绿色环保的住宅空间是现代人追求健康生活的基本要求之一，使用安全合格的建材、设计合理舒适的格局，是保证住宅绿色环保化的基本要求

选材：选材时要尽量选取安全环保型材料，例如采购不含甲醛的胶黏剂、细木工板和饰面板等，这些方式都可以减少污染，从而减少对人体的伤害。一定要选刺激性气味小的材料，同时要注意其是否有环保产品的绿色标志。

施工：施工中的技术要与时俱进，工艺要尽量选用无毒、少毒、无污染、少污染的。目前的部分工艺水平较低，如刷漆等，在施工时很容易造成污染。另外，施工操作的不规范也会使室内污染的概率大大增加。因此，选择正规的装修公司施工，多了解新兴的环保工艺，能够在一定程度上确保施工过程的绿色、安全。

2 住宅空间的功能分区

住宅的户内功能是居住者生活需求的基本反映，分区要根据其生活习惯进行合理的组织，把性质和使用要求一致的功能空间组合在一起，避免其他性质的功能空间相互干扰。但由于住宅平面受到原有户型的影响，功能分区也只是相对的，会有重叠的情况，如烹饪和就餐、起居和就餐，设计时可以灵活处理。

（1）住宅空间的功能构成

住宅空间的功能构成基于家庭活动的行为模式，也与各居住成员的具体要求有关。总的来说，住宅空间的基本功能分为几个大类：起居会客、烹饪就餐、睡眠休息、盥洗如厕、休闲娱乐、收纳家务等。

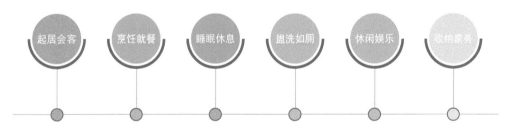

住宅空间基本功能

起居会客：起居会客的主要场所是客厅，是由座位、茶几等巧妙围合而成的场所，通常位于客厅的中心地带。

烹饪就餐：厨房和餐厅是烹饪就餐的活动空间，餐厅应和厨房相邻，这样可节约食品供应的时间以及缩短进餐的交通路线。

睡眠休息：睡眠需要保证舒适性和私密性，因而卧室是承载这一功能的主体空间。同时，客厅和书房也会承接一部分的休息功能。

盥洗如厕：盥洗如厕功能在卫浴间中进行，其中功能设备大致分为三类，即洗脸设备、便器设备、淋浴设备。

休闲娱乐：承载休闲娱乐功能的场所常见的有客厅、娱乐室，有的设计也会将娱乐空间打散到各个空间中。

收纳家务：收纳家务这一功能涉及的空间范围较广，动线较为复杂，且由于物质生活的丰富，收纳功能必须具有一定的灵活性。

不同类型的住宅在空间规划和平面布局上有一定的区别，越小的住宅空间，功能兼顾性越高，由较为简单的起居睡眠与餐饮如厕等基本功能构成；随着住宅空间的增大，功能空间逐渐分化，住宅空间越大，功能越细分，可满足居住者除生活基本功能以外的休闲娱乐与精神文化功能。

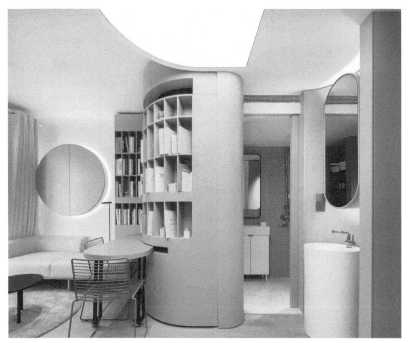

← 住宅空间越小，功能的划分就越模糊，一个空间可能包含了多种功能，比如客厅空间同时也有就餐、洗漱等功能

← 住宅空间越大，可使用的面积就越多，那么功能的分区就可以越细，除了满足基本的吃睡需求，也可以满足休闲娱乐需求

（2）住宅空间的功能分区分类

按空间的使用性质

社交空间：客厅、餐厅、书房

烹饪、就餐空间：厨房、餐厅

休憩空间：卧室

盥洗空间：卫生间

休闲空间：书房、家庭影音室、阳台、花园等

收纳家务空间：衣帽间、储藏室、阳台等，以及各空间的收纳系统

社交空间   烹饪就餐空间   休憩空间   盥洗空间   休闲空间

收纳家务空间

按人活动的私密程度

公共活动空间：家庭活动包括聚餐、接待、会客、游戏、视听等内容，这些活动空间总称为公共空间，一般包括玄关、客厅、餐厅。

私密性空间：私密性空间是家庭成员进行私密行为的功能空间，其作用是保持亲近的同时又保证了单独的自主空间，从而减小了居住者的心理压力。主要包括卧室、书房、卫浴等。

介于公共与私密性空间之间：这部分空间性质较为模糊，主要包括书房、多功能房等。

交通空间：主要提供行动或者过渡空间的地方，一般为玄关、走道、楼梯等。

家务活动辅助空间：家务活动包括清洗、烹调、养殖等，人们会在这个功能空间内进行大量的劳动，因而在设计时应该把每一个活动区域都布置一个合理的位置，使得动线合理。主要包括厨房、卫生间等。

3 住宅布局分割方式

由于不同功能的划分产生了住宅的空间布局，而布局的分割方式很多，一般有绝对分割、局部分割、弹性分割、虚拟分割这四种。

（1）绝对分割

绝对分割是用实体界面对空间进行限定性的划分，这种方法通常使用墙体来实现。绝对分割时的布局具有绝对的界限，封闭性较强，因而有私密性强、隔音效果好、性能稳定、抗干扰能力强的优点。与此同时，其空间的流动性就较差。

（2）局部分割

局部分割的界面具有不完整性，其表现形式是片段的、局部的。局部分割常见的形式是由不到顶的隔墙、隔断、屏风、高家具来划分。局部分割的空间限定性较低，因而隔音性、私密性都会在一定程度上受到影响，但可以丰富空间的表现形式，使得布局划分的方式更具有趣味性。

局部分割：使用木隔断既划分了空间，同时也能增加空间的流动性

绝对分割：通过墙体将客厅与其他房间隔开，保证了各功能布局的独立性，也增强了其他房间的私密性

（3）弹性分割

　　弹性分割是可以根据要求随时启动和关闭的形式，这种分割方式可以快速改变空间的大小。常用的方法是以推拉隔断、可升降的活动隔帘、幕帘、屏风、家具及陈设等进行分割，机动性较强，方式较为灵活。

← 升降式的草帘可以通过调节高度的方式改变空间形态，然后达成变通性极强的空间布局分割

（4）虚拟分割

　　虚拟分割是一种低限度的设计，在界面表现上的划分形式较为模糊，一般是通过"视觉完整性"这一心理效应实现心理上的划分，因而这是一种不完整的、虚拟的区分形式。这种方式的实现手法可以是高差、色彩、材质、灯光、气味，也可以是栏杆、垂吊物、水体、花罩、绿地、陈设等，做法简单，可以创造出丰富的空间。

← 餐厅处的灯光、绿植、家具的组合与客厅处的沙发、茶几的组合在视觉完整性上划分出了各自的空间

4 住宅空间布局要点

住宅空间的功能分区要结合居住者的需求和个人特点，再做出具体的划分。但功能分区也要遵循最基本的要点，才能保证居住时的良好体验。

（1）公私分区

公私分区是按照空间使用功能的私密程度的层次来划分的，也可以称为内外分区。一般来说，住宅内部的私密程度随着人口数和活动范围的增加而减弱，公共程度随之增加。住宅的私密性要求在视线、声音、光线等方面有所分隔，并且符合使用者的心理需求。

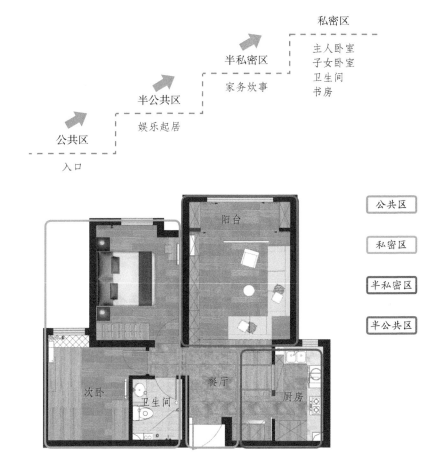

（2）动静分区

动静分区指的是客厅、餐厅、厨房等这一类主要供人活动的场所，与卧室、书房这一类供人休息的场所分开，互不干扰。动静分区细分有昼夜分区、内外分区、父母子女分区。

昼夜分区和内外分区

动静分区从时间上来划分，就成为昼夜分区。白天时的起居、餐饮活动集中在一侧，为动区。另一侧为休息区域，为静区，使用时间主要为晚上。

动静分区从人员上划分，可分为内外分区。客人区域是动区，相对来说属于外部空间。主人区域是静区，属于内部空间。

动区　　静区

父母子女分区

父母和孩子的分区从某种意义上来讲也可以算作动静分区，子女为静，父母为动，彼此留有空间，减少相互干扰。

动区　　静区

（3）洁污分区

洁污分区主要体现为烟气、污水及垃圾区域，也可以概括为干湿分区。卫生间和厨房要用水，会产生废弃物、垃圾，相对来说垃圾比较多，因而可以置于同一侧。但由于两个功能分区不一致，所以集中布置时要做洁污处理。

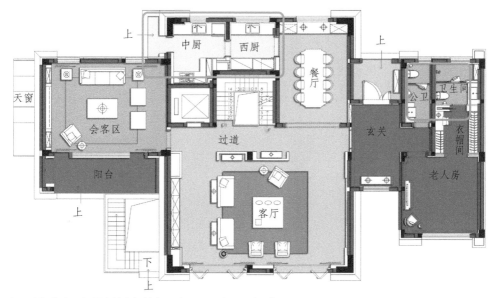

↑卫生间的布置与厨房等空间的布置分开，可以不用过于靠近

5 住宅各部分空间尺度需求

住宅关系到人们的居住水平和切身利益，为了保证住宅设计质量，我国修订了一系列规范来保证住宅的舒适性和规范化。

（1）玄关空间尺度需求

玄关是室内室外的连通区域，承担着空间过渡的作用，在不同空间的转换中形成良好的过渡效果。

玄关应有足够的空间用以弯腰或坐下换鞋和伸展更衣，同时还要保证有合适的视距以便居住者照镜整理服装，并且具有足够的储藏空间。通常来说，当套内面积在 40~90 m^2 时，玄关的最小使用面积为 0~2m^2，当套内面积在 90~150 m^2 时，玄关的最小使用面积为 2~4 m^2。玄关的面宽一般为 1.2~2.4m。

↑ 小套型的玄关可与客厅、餐厅合并，达到空间互借的效果

↑ 大套型的玄关应独立，更好地起到过渡、缓冲的作用，并考虑美学效果

（2）客厅空间尺度需求

目前的客厅大致分为两种情况，一种是相对独立的客厅，一种是与餐厅合二为一的客厅。其开间尺寸呈现一定的弹性。

客厅面积

※ 客厅相对独立时，其使用面积一般在 15m² 以上。

※ 当客厅与餐厅合二为一时，两者的使用面积一般在 20~25m²，共同占用套内面积的 25%~30%。

※ 当客厅与餐厅由玄关向两边过渡时，两者加上玄关面积一般在 25~30m²，适合进深较大的套型。

客厅面宽

※ 当面宽受到套内面积限制时，最小可以压缩至 3.6m。

※ 客厅的面宽一般在 3.9~4.5m，面积较大的套型可以达到 6m 以上。

客厅进深

※ 独立的客厅，进深与面宽的比值一般在 5：4 到 3：2 的范围内。

※ 与餐厅集中布置的客厅，进深与面宽的比值在 3：2 到 2：1 范围内。

← 客厅的尺度面积对舒适生活有很大的影响

小贴士

我国现行《住宅设计规范》GB50096-2011 中规定客厅的标准最低面积是 10m²，我国《2000 年小康型城乡住宅科技产业工程城市示范小区设计导则》建议为 18~25m²。

（3）餐厅空间尺度需求

若 3~4 人就餐，餐厅的开间净尺寸不宜小于 2.7m，使用面积不要小于 10m²；若 6~8 人就餐，餐厅的开间净尺寸不宜小于 3m，使用面积不要小于 12m²。

← 我国现行《住宅设计规范》中规定无直接采光的餐厅其使用面积不宜大于 10m²

（4）主卧空间尺度需求

双人主卧室的使用面积不应小于 9m²，适宜控制在 15~20m² 范围内，开间一般不宜小于 3.3m，在 3.6~3.9m 较为舒适，便于家具的摆放。次卧室面积不小于 5m²，面宽不要小于 2.7m。

← 双人卧室的使用面积不应小于 9m²，在常见的两三房户型中，主卧室的使用面积要适宜，过大的卧室往往存在空间空旷、缺乏亲切感、私密性较差等问题

（5）书房空间尺度需求

在一般住宅中，受套型总面积、总面宽的限制，考虑必要的家具布置，兼顾空间感受，书房的面宽虽然一般不会很大，但最好在 2.6m 以上，进深大多在 3~4m。

← 若套内面积充足，较大的书房更能满足舒适阅读的需求

（6）厨房空间尺度需求

厨房按面积大致可归纳为三种：面积在 5~6m² 的经济型、面积在 6~8m² 的小康型、面积在 8~12m² 的舒适型。经济型厨房的操作台总长不小于 2.4m、小康型厨房的操作台总长不小于 2.7m、舒适型厨房的操作台总长不小于 3m。

↑ 由兼起居的卧室、厨房和卫生间等组成的住宅最小套型的厨房使用面积，不应小于 3.5m²

（7）卫浴空间尺度需求

通常卫浴空间的面积尽量不低于 3.5m²。可布置浴盆或淋浴房、便器、洗脸盆的卫生间一般面积在 3.5~5m²。舒适型卫生间面积一般在 5.5~7m²，可布置浴盆、便器、洗脸盆以及洗衣机或淋浴房。

↑ 便器、洗浴器、洗面器三件卫生设备集中配置的卫生间的使用面积不应小于 2.5m²

> **思考与巩固**
>
> 1. 住宅的功能分区要点有几点？具体是什么？
>
> 2. 住宅的功能分区分类标准有几种？分别是什么？
>
> 3. 不同功能分区的最低限度面积各是多少？

二、 住宅户型的布置方式

学习目标	本小节重点讲解住宅户型布置的五种方式。
学习重点	了解住宅空间不同布置方式之间的区别，以及各方式布置的特点。

1 餐厅厨房型（DK 型）

（1）DK 型

　　DK 型是厨房和餐厅合用，适用于面积小、人口少的住宅。DK 式的平面布置方式要注意厨房油烟的问题和采光问题。

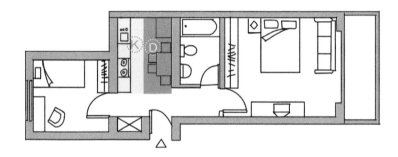

↑将厨房操作台与餐桌结合，既能做饭也能就餐

（2）D·K型

D·K 型是指厨房和餐厅适当分离设置，但依然相邻，从而使得动线方便，燃火点和就餐空间相互分离又控制了油烟。

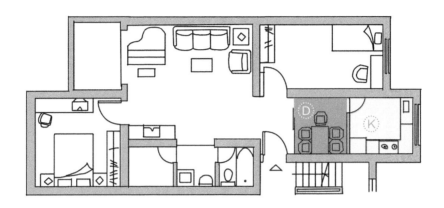

↑厨房与餐厅虽然不在一个空间里，但是也紧邻着，从厨房到餐厅依旧很方便

2 小方厅型（B·D 型）

小方厅型是把用餐空间和休息空间隔离，兼具就餐和部分起居、活动功能，起到联系作用，克服了部分功能间的相互干扰。但由于这种组织方式有间接遮挡光照、缺少良好视野、门洞在方厅集中的缺点，所以一般在人口多、面积小、标准低的情况下使用，多见于老旧的套型中。

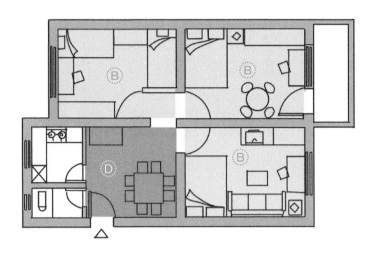

3 客厅型（LBD 型）

这种布置方式是以客厅为中心，作为团聚、娱乐、交往等活动的地点，相对来说其面积较大，协调了各个功能间的关系。客厅布置方式有三种方式。

（1）L·BD 型

这种布置方式是将活动区和睡眠分离。

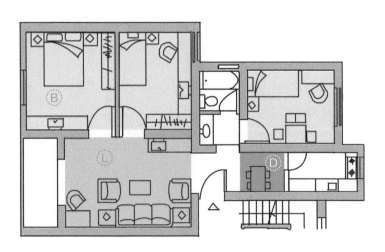

（2）L·B·D 型

这种平面布置方式将活动区、睡眠、用餐分离开，各个功能间干扰较小。

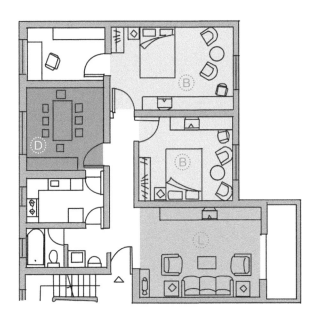

（3）B·LD 型

这种布置方式将睡眠独立，用餐和活动区放置在一起，动静分区明确，是目前比较常用的一种布置方式。

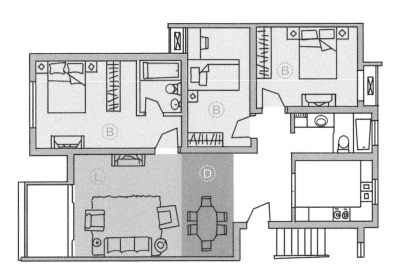

4 起居餐厨合一型（LDK 型）

这种平面布置方式是将起居、餐厅、炊事活动设定在同一空间内，再以此为中心布置其他功能。这种布置方式由于油烟的污染，多见于国外住宅。不过随着油烟电器的进步和经济水平的发展，国内的使用频率也大幅度增加。

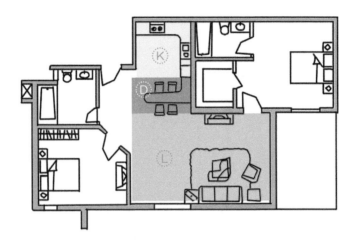

↑客厅、餐厅和厨房结合在一个空间时，要注意功能区的划分方式应直观。例如以色彩划分、软装分隔或者通过高低差等方式划分，若划分不清则会显得很混乱

5 三维空间组合

这种住宅的布置方式是各个功能的分区有可能不在一个平面上，需要进行立体型改造，通过楼梯来相互联系。

（1）复式住宅的布置方式

这种住宅是将部分功能在垂直方向上重叠在一起，充分利用了空间。但需要较高的层高才能实现。

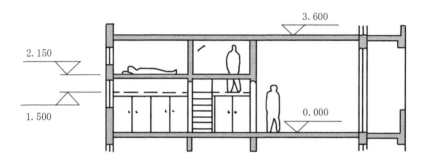

↑复式能在有限的空间里增加使用面积，提高房屋的空间利用率

（2）跃层住宅

跃层是指住宅占用两层的空间，通过户内楼梯来联系各个功能区。而在一些顶层住宅中，也可以将坡屋顶处理为跃层，充分利用空间。

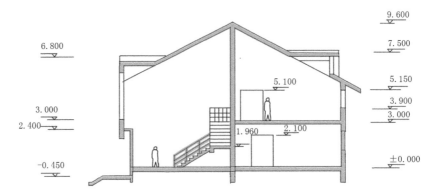

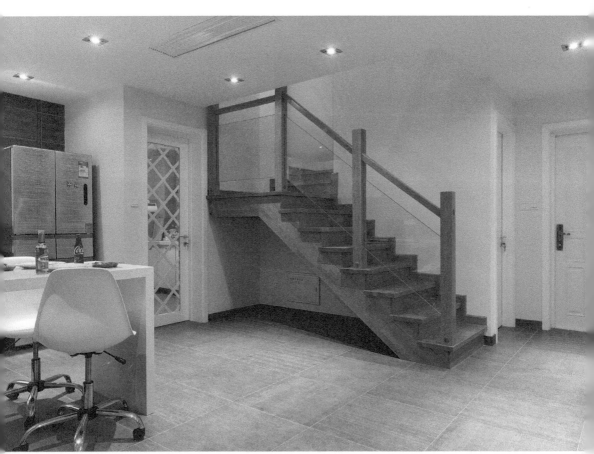

↑跃层的首层一般为公共活动空间，如客厅、厨房、餐厅等

（3）变层高的布置方式

　　住宅在进行套内的分区后，可以将人员多的功能布置在层高较高的空间内，如会客。将次要的功能布置在层高较低的空间内，如卧室。

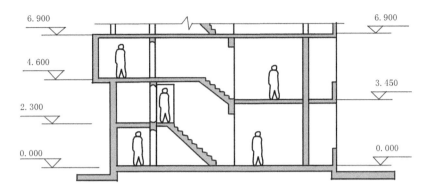

↑二层客厅的部分层高较高，而里侧的餐厅和厨房相对来说层高较低

思考与巩固

　　1.餐室厨房型的布置方式又能具体分为哪两种？它们各自有什么区别？

　　2.起居型住宅具体的布置方式是什么？

　　3.三维空间组合方式是什么？

三、住宅户型常见的不良布局

学习目标	本小节重点讲解住宅户型中常见的不良布局。
学习重点	了解住宅空间中不良布局并在设计中尝试规避。

1 采光不良

此户型虽然功能较为齐全，但是在布局上有一个较为明显的缺陷，即作为公共区的客厅和餐厅没有直接光照，比较阴暗

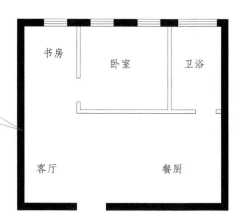

单面采光导致了套内空间光线不足，而且大范围隔墙的使用让采光更加困难，导致公共区十分阴暗

采光不良的优化方法

采光优化的方式多种多样，可以将分割空间的实体墙拆除，采用家具、隔断的方式分割，以增加进光量；或者使用玻璃隔墙、镜面等形式来让空间更明亮。

2 走道狭长

在一些户型中，很容易出现一些比较狭长的空间，其中最容易出现便是连接各个空间的狭长的过道。狭长的空间，横向和纵向尺寸相差较多，会给人失衡的感觉，若同时采光不佳或房高过高，则让人感觉很逼仄。

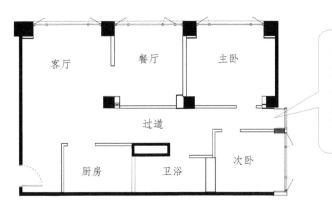

该户型非常规整，客厅、餐厅及主卧一侧面积比较宽敞，另一侧的面积较小，门的均匀分布使中间产生了一条狭长的过道，破坏了整体空间的美观性

厨房总体面积虽大，但一侧主要是走道空间，利用率较低；私密区一侧则由于功能房间多造成了走道较长，同时主卧内部的长走道也十分浪费

走道狭长的优化方法

走道狭长的优化方式建议首先考虑能否将部分空间的实体墙换成折叠门、玻璃墙等较为通透的形式来缩短其视觉长度，走道没有明确的空间限定形式，此外还可以通过增加软性隔断等方式来平衡整体比例。

3 零小空间

在有些户型中，经常会出现比较难以利用的小空间，如只能摆下一张单人床的卧室、功能不明的小隔间等，这些空间的出现通常是因为布置较多的功能房间，这会把空间划分得极其零碎，也就导致了零碎小空间的产生。

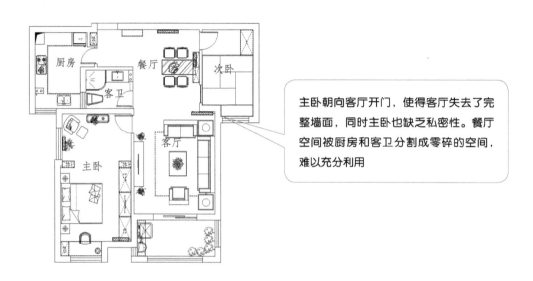

主卧朝向客厅开门，使得客厅失去了完整墙面，同时主卧也缺乏私密性。餐厅空间被厨房和客卫分割成零碎的空间，难以充分利用

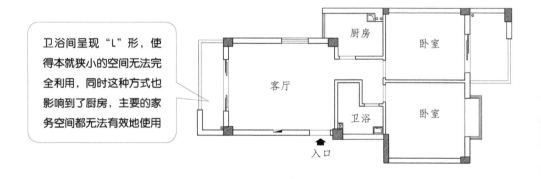

卫浴间呈现"L"形，使得本就狭小的空间无法完全利用，同时这种方式也影响到了厨房，主要的家务空间都无法有效地使用

零小空间的优化方法

当遇到这种空间时，建议从周围空间的功能性来考虑，看是否可以去掉隔墙进行合并，将它们并入到其他功能区中，作为储存室、书房、更衣间等区域来使用；或者拆分成几部分，分别分布到其他区域中，让整个家居的每一部分都能够得到合理、舒适的利用。

4 畸形空间

　　畸形空间属于户型设计上的硬伤，主要问题是不规则的空间不利于家具的摆放，空间利用率不高，同时畸形的空间会加重人的不平衡感，使人产生不良的心理感受。

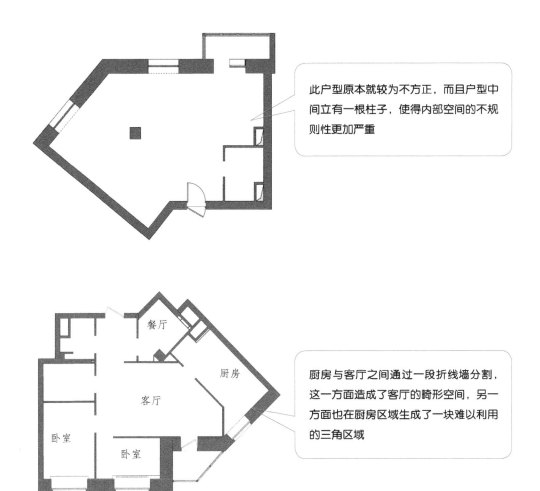

此户型原本就较为不方正，而且户型中间立有一根柱子，使得内部空间的不规则性更加严重

厨房与客厅之间通过一段折线墙分割，这一方面造成了客厅的畸形空间，另一方面也在厨房区域生成了一块难以利用的三角区域

畸形空间的优化方法

　　畸形空间在优化时主要采用的方式是"化有形于无形"。例如，如果畸形空间无法避免，则可将其归入对空间形态要求较少的空间，例如卧室；还可以通过打碎隔墙，将原有的不规则空间纳入另一个功能空间中，减弱畸形空间的影响。

5 分区欠妥

户型分区欠妥有些是由于不同户型在组合拼栋时受各种条件限制，先天不足。有些是由于各自生活习惯的不同，使得人们对于原有户型会有一些不满。

户型的总体布局虽然较为方正，但是客厅与主卧之间的面积关系本末倒置，且次卧和主卧在分区时使用了不合理的分割方式，导致主卧不规整

厨房与餐厅分离设置，这直接导致功能空间的联动性减弱，使得本应该相邻的餐厨关系变得尴尬，丧失了互动性

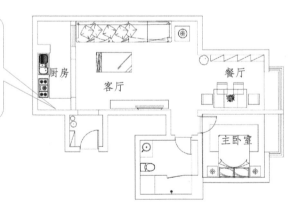

分区欠妥的优化方法

分区欠妥时一般都会根据现有的户型进行重新规划，可以通过置换空间、设置隔断这种微调的方式，也可以通过砸除隔墙来对布局进行优化。

6 缺乏隐私

　　住宅内部由于来往人员的不同，需要对空间进行公私的划分，从而保证私密空间的隐秘性。若缺乏隐私会造成人们在居住时的不安定感，不利于人的心理健康。

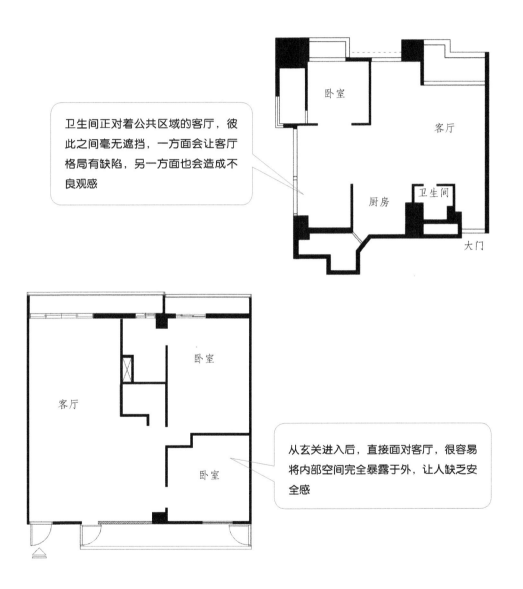

卫生间正对着公共区域的客厅，彼此之间毫无遮挡，一方面会让客厅格局有缺陷，另一方面也会造成不良观感

从玄关进入后，直接面对客厅，很容易将内部空间完全暴露于外，让人缺乏安全感

缺乏隐私的优化方法

　　增强隐私性的优化方式一个是靠遮，如使用墙、隔断、高家具等方式在视线上进行遮蔽。另一种方法则是通过改变动线的方式让其改变延伸的方向，通常这两种方式会结合起来使用。

7 动线不当

人在住宅空间中经常是运动着的，因而动线的布置是其中至关重要的一部分。动线设置不合理，会直接导致活动流线的不顺畅，让人产生不便之感。

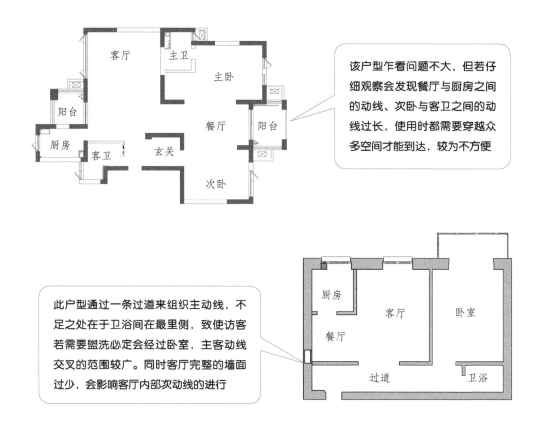

该户型乍看问题不大，但若仔细观察会发现餐厅与厨房之间的动线、次卧与客卫之间的动线过长，使用时都需要穿越众多空间才能到达，较为不方便

此户型通过一条过道来组织主动线，不足之处在于卫浴间在最里侧，致使访客若需要盥洗必定会经过卧室，主客动线交叉的范围较广。同时客厅完整的墙面过少，会影响客厅内部次动线的进行

动线不当的优化方法

动线不当一部分是由于主要空间布局不合理，一部分是由于门、家具等引导动线的方式不恰当，通常找出动线的问题所在，并针对其进行优化即可。

思考与巩固

1. 住宅户型中常见的不良布局有哪些？

2. 走道狭长的空间格局如何处理？

住宅空间的动线设计 第二章

住宅空间的设计离不开动线的设计，好的动线设计能够提高生活质量，节约时间；不合理的动线设计会造成居室面积的浪费及功能区域的混乱。所以掌握住宅空间的动线设计，可以使住宅的设计更贴合生活，提升入住体验。

扫码下载本章课件

一、 住宅空间的动线分析及划分

学习目标	本小节重点讲解住宅动线的概念，以及划分。
学习重点	了解住宅空间的动线含义，掌握动线的分类。

1 住宅空间动线的含义

　　动线，是指日常活动的路线，是在室内设计中经常要用到的一个基本概念。它根据人的行为方式把一定的空间组织起来，通过动线设计分隔空间，从而达到划分不同功能区域的目的。如果一个居室中动线设计不合理，动线交叉，就说明该空间的功能区域混乱，动静不分，有限的空间会被零散分隔，居室面积会被浪费，家具的布置也会受到极大的限制。

　　动线较好的户型：从入户门进客厅、卧室、厨房的三条动线不会交叉，而且做到动静分离，互不干扰。

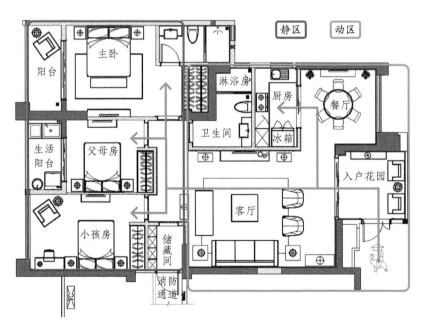

↑从玄关到客厅、到餐厅、到厨房、到主卧、到小孩房、到父母房，原本需规划6条主动线，但现在用一条贯穿的主动线来整合这6条移动的主动线，重叠一部分主动线，就可以节省空间，创造空间的最大使用效益

动线相对差的户型：三条主动线出现交叉，如进厨房要穿过客厅、进主卧要穿过客厅；动线的位置不合理，如卫浴间距离主卧太远，或正对入口玄关处，让人一进门就会闻到异味等。

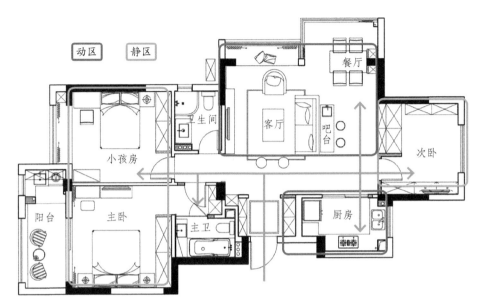

↑虽然空间主动线有一定的重叠，但餐厅到厨房的移动相对而言会比较麻烦，在实际生活中，如果在厨房做饭，然后到餐厅就餐，这一条动线就太长，比较不方便，来回移动会浪费时间

2 住宅空间的动线划分

（1）按人群划分

在家居空间中，常见两种动线分类：家人动线和访客动线，两条线尽量减少交叉范围，这是动线设计的基本原则，也是户型动线良好的标志。

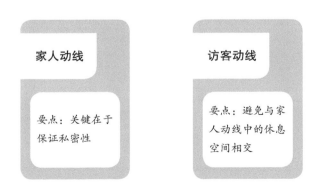

家人动线

要点：关键在于保证私密性

访客动线

要点：避免与家人动线中的休息空间相交

家人动线

家人动线也可以叫居住动线，关键在于私密，包括卧室、卫生间、书房等领域。这种流线设计要充分尊重主人的生活格调，满足主人的生活习惯。

目前流行在卧室里面设计一个独立的浴室和卫生间，就是明确了家人动线要求私密的性质，为人们夜间起居提供了便利。此外，床、梳妆台、衣柜的摆放要恰当，不要形成空间死角，让人感觉无所适从。

访客动线

访客动线是指从入户门到客厅的活动路线。访客动线尽量不与家人动线和家务动线交叉，以免在客人拜访的时候影响家人休息或工作。

小贴士

目前，大多数的动线设计中把起居室和客厅结合在一起，但这种形式也有缺点，即若来访者只是家庭中某个成员的客人，那么偌大的客厅就只属于这两个人，其他家人就得回避，会影响其他家庭成员正常的活动。因此，可在客厅空间允许范围内划分出单独会客室。

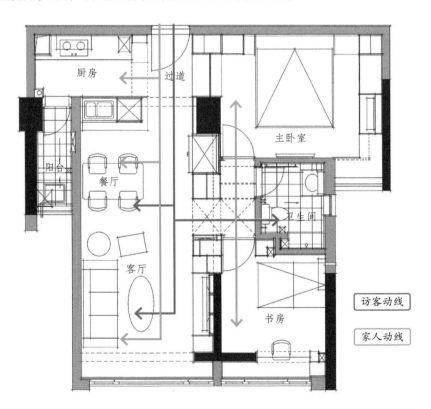

（2）按运动的频繁性划分

　　动线可以分为主动线和次动线，主动线是从一个空间移动到另一个空间的主要动线；次动线是在同一个空间内的琐碎动线与功能性的移动。比如从客厅到餐厅、厨房，或从主卧到次卧，空间到空间的移动是主动线；而从客厅的沙发走到电视，或从卧室的床走到衣柜等功能的移动则是次动线。

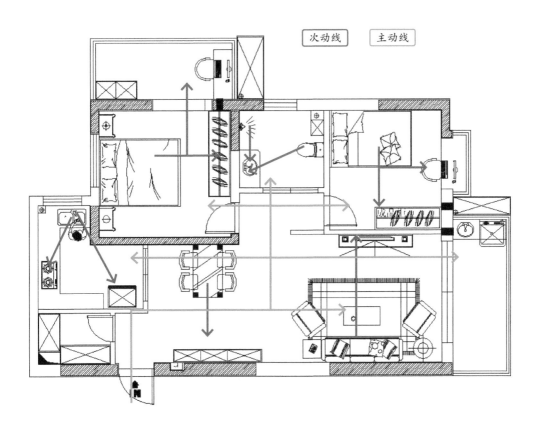

次动线　主动线

思考与巩固

1. 动线较好的户型与动线较差的户型区别在哪里？

2. 动线的划分有哪几种？

3. 不同动线的特点分别是什么？

二、 室内动线优化设计的手法

学习目标	本小节重点讲解住宅动线的优化与动线设计中人体工程学的应用。
学习重点	了解住宅动线划分形式，掌握人体工程学对于空间动线规划的作用。

1 住宅空间的动线布局方案

（1）根据空间重要性确定主动线

依照空间重要性排列即按照通常意义上的功能定位对住宅进行大致的功能动线分析，通过草图梳理出主动线的序列，并对不合理的地方进行更改，避免浪费空间。

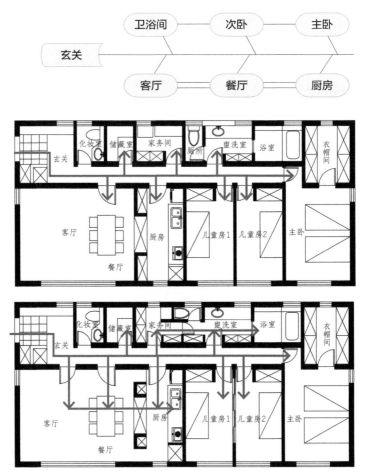

（2）依生活习惯安排空间顺序

每个家庭、每个居住者都有不相同的生活习惯，会对空间有不一样的安排，于是便有了不相同的空间顺序，从而导致动线的不一样。因此，在规划动线之前，须先了解住宅使用成员的生活习惯，才能做好空间顺序的安排，打造符合居住者使用习惯的顺畅动线。

布置实战解析

书房的位置规划：独立式和开敞式

如果是在家办公或者在阅读时对于环境的要求比较高的人，选择独立式的书房不容易被打扰；如果对于阅读氛围要求并不高，同时也想在阅读时能兼顾一些其他的活动，比如照看孩子、看电视等，那么可以选择开敞式的书房。

→ 独立式书房大家共用，大都规划于公共领域，动线安排在次动线上

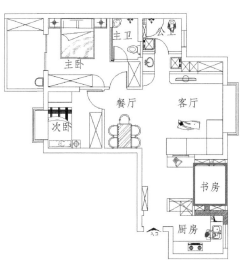

← 开放式书房与客厅的动线整合在一起，适合一心多用的场景

（3）区分公、私领域安排空间配置

面对一个空间时，可以先将空间区分为公共领域和私人领域。然后再从公共领域开始安排空间配置，公共领域通常有客厅、餐厅，或者再多一个弹性空间如书房，如果确定了客厅或者餐厅的大小，那么作为弹性空间的书房只能缩小，这样就能得出公共领域各空间的大小。

再以书房连接私人领域的 3 个房间，面积大一点的为主卧室，另外 2 个面积较小的是次卧。当空间配置好之后，就可以定出动线，而两个空间的相交处就是动线。

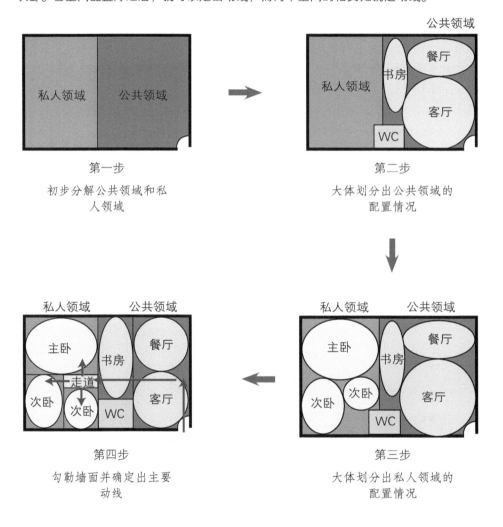

（4）门的开法决定动线方向

门开的方向，决定了人运动的方向，所以门的开法对动线有着很大的影响。

常见的开门方向两种，分别是外开和内开。选择时必须考虑到空间环境以及人的动作，这样才能创造方便、舒适的动线。

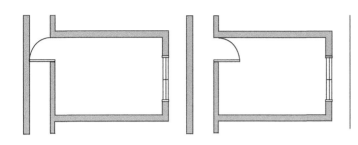

小贴士

房间门一般向内开是因为房间通常有窗，门内开后，房间的气流会顺势把门抵着；若房门向外开，屋内气流就很有可能会把门推开。

舒适的开门方式

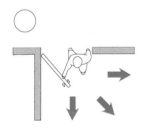

门内开

门内开时最好选用门顺着墙开的方式。这种方式在门半开时也能顺畅地走进去，而且可以行走的动线是多方向的。若不沿墙，则会在开门时产生一条走道，浪费套内空间。

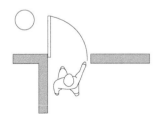

门外开

门向外开时，可采用顺墙而开的方式，在进出时相对于不顺墙开的方式来说，会有宽敞的感觉。

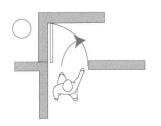

门外开且有墙

门向外开时，外面若有墙时，顺着墙向外开的开法，能够顺畅地走出去。若不顺墙而开，而往另一边开，动线会受到阻碍，行走会相当不便。

（5）共用动线，重叠主次动线

动线可分成从一个空间移动到另一个空间的主动线，以及在同一空间内所发生的包括移动性与机能性的次动线。而将多个移动的主动线整合在一个主动线，或者是将移动的主动线与机能的次动线重叠在一起，都能共用动线。这种方式不仅可以让动线更加明快流畅，而且可以节省空间，使空间变大，视觉宽敞度相对的也会增加。

主动线＋主动线的重叠

将空间到空间移动的主动线尽量重叠，就可以节省空间。例如，从玄关—客厅—主卧—厨房—次卧—书房，本来需要 5 条主动线，现在可以用一条贯穿的主动线来整合这 5 条移动的主动线，让主动线一直重叠，就能节省空间，创造空间的最大使用效益。

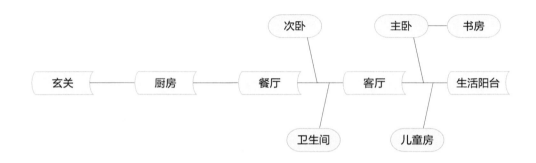

↑将厨房、餐厅、客厅与阳台的主动线重叠，然后通过客厅两边限定出的虚拟走道将其他功能空间的主动线串联起来，形成较为简单的网状动线结构

主动线 + 次动线的重叠

　　主动线与次动线重叠，不仅能节省空间，还能创造流畅的动线。例如，将从客厅移动到书房的主动线与在客厅使用电视柜时从沙发到柜子前的次动线整合在一起，就是主动线与次动线重叠。

主动线 + 主动线 + 次动线的重叠

　　将主动线与主动线以及次动线全部整合在一起，可打造不管是在空间到空间的移动上、还是在空间中的使用机能上都是最佳的流畅动线。例如，用一条共用走道，整合所有的动线，包含从玄关—客厅—餐厅—厨房—卧室—卫浴间等空间移动到空间的主动线，以及使用客厅电视与餐厨前面的机能次动线。

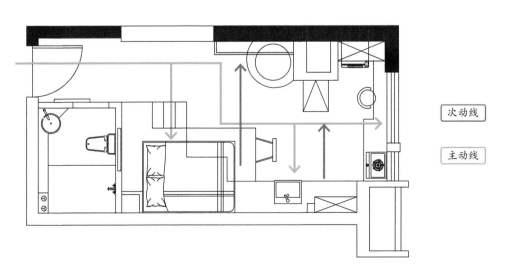

（6）动线停止设置

动线虽然是行走的路线，但有时需要停止动线时，就要在适当的地方让动线停止。最常见的就是碰到畸形空间，即动线无法到达、需要停止的地方，例如楼梯下方及转角处，此时可将其规划为储藏空间，若无法规划储藏室，则可设计展示柜摆放陈设品，增添视觉美感。

此外，桌子摆放的地方，也可以视为动线需要停止的地方，在桌上悬挂吊灯，让视觉有焦点，且行走到此就可避免撞到东西，具有动线到此停止的含义。

（7）优化走道动线

当空间布局因为安全问题而无法大改时，就会有不可避免的走道产生，如果赋予走道价值性，创造走道的实用功能，增添走道的美感，就不会浪费走道空间。

赋予走道实用功能

走道不仅是行走的动线，如果能够根据居住者的需求赋予其实用的功能，例如喜欢户外运动的户主，可以将自己的户外装备悬挂在走道墙面，一方面具有收纳功能，另一方面可以作为装饰展示。

← 走道一侧设计了两个收纳槽，除了可以摆放日常用品以减轻家中收纳压力，还可以摆放一些装饰物件，装点空间

营造走道美感氛围

如果家中的走道看上去是明亮又充满设计美感的，那么就打破了走道给人的沉闷感受，反而营造出了更有韵味的走道氛围。在设计时，可以利用灯具、界面线条或色彩来创造视觉焦点。

← 走道顶面做了立体化设计，局部顶面墙纸和射灯的搭配，让整体具有设计感，再在走道尽头以一幅素雅的装饰画装点，将视觉焦点集中

化走道于无形

许多户型中常会出现长走道，不仅浪费空间，而且让动线不够明快。因此可以通过空间的重新布局，达到让走道"消失"的目的。

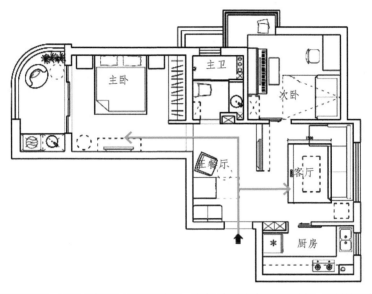

↑在空间重新布局时，可以试着把私人领域摆在同一边或是把卧室房间往两边摆，这样就不会有走道产生

（8）灵活变化的动线

虽然直线动线行走明快、节省空间，但有时反而会失去空间的变化性、趣味性。例如，根据空间的特性规划出回字形动线，和直线动线有机结合就能让行走路线有两种变化方式，增强空间转换的趣味性。

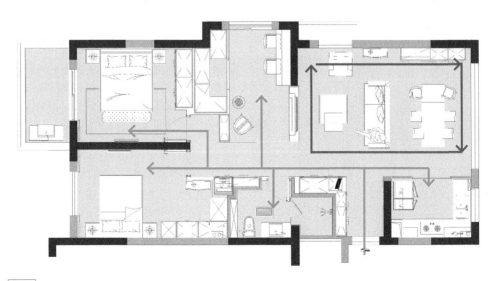

（9）预留未来的动线

　　空间是供人生活其中的，因此规划动线时不仅要考虑到现在居住成员的需求，还要预先设想到未来成员的增减，以及成员的年龄成长或者以后转卖他人等因素，同时也要为未来可能的各种格局变化预留未来的动线。

布 置 实 战 解 析

如果现在的家庭成员较多，房间数需求较多，但未来小孩长大成人、各自嫁娶后会搬离，则可将房间数减少，让房间变大，住起来会更为舒适。

如果是三口之家，因为未来人口也许会增添，因此预留未来可增加房间的动线，不必搬家就可轻松地增加房间数量。

2 人体工程学尺寸与动线

人体工程学是研究人体尺寸，使人的行动更安全、舒适的一门科学。虽然人体工程学有一定的尺寸标准，但由于人是活动着的，且各项尺寸不尽相同，因此当规划动线时，要考虑到个人的动作需求，而非按照标准的人体工程学参考标准死板地进行设计。

（1）初步了解人体工程学尺寸

人体工程学尺寸的数据主要有三个方面，分别为人体构造、人体尺度、人体动作域的相关数据。

人体构造

人体构造是指骨骼、关节、肌肉，这三部分在神经系统的组织下能够完成一系列的动作，使人体各部分协调运作。

人体尺度

人体尺度是人体工程学研究的最基本的数据之一。它主要以人体构造的基本尺寸为依据，通过系统的研究数据来比较、分析结果，从而对实践进行指导。

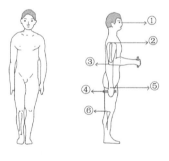

立姿人体尺寸：
① 眼高
② 肩高
③ 肘高
④ 手功能高
垂直手握距离
侧向手握距离
⑤ 会阴高
⑥ 胫骨点高

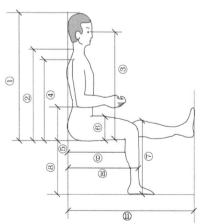

坐姿人体尺度：
① 坐高
② 坐姿颈椎点高
③ 坐姿眼高
④ 坐姿肩高
⑤ 坐姿肘高
⑥ 坐姿大腿厚
⑦ 坐姿膝高
⑧ 小腿加足高
⑨ 坐深
⑩ 臀膝距
⑪ 坐姿下肢长

人体动作域

　　人体尺度是静态的，人体动作域相对于人体尺度来说是动态的，这种动态的尺度与活动情景有关。人体动作域是人们在室内运动的范围的大小，是确定室内空间的因素之一。室内家具的布置、室内空间动线的组织安排都需要考虑人在活动的情况下所需的空间。

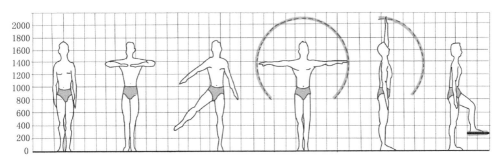

人体基本动作尺度1——立姿、上楼动作尺度及活动空间（单位：mm）

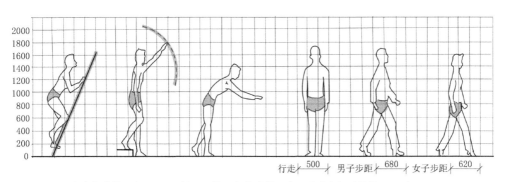

人体基本动作尺度2——爬梯、下楼、行走动作尺度及活动空间（单位：mm）

↑上方两个图中人体活动所占的空间尺度是以实测的平均数为准，特殊情况可按实际需要适当增减

（2）动线设计中人体工程学尺寸的应用

个体站立时的空间是通行动线设计的主要依据，但由于不同季节或者不同的人体情况的差异，人体工程学尺寸对于通行动线设计有着一定的影响。

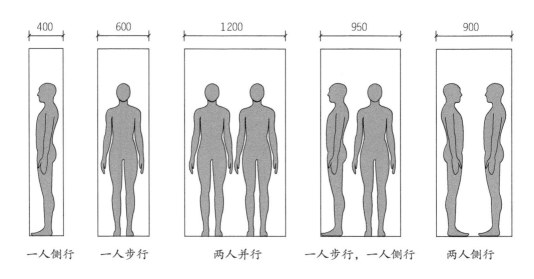

| 一人侧行 | 一人步行 | 两人并行 | 一人步行，一人侧行 | 两人侧行 |

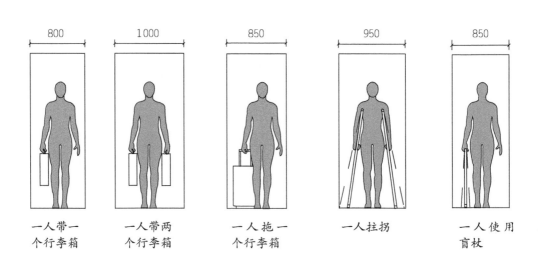

| 一人带一个行李箱 | 一人带两个行李箱 | 一人拖一个行李箱 | 一人挂拐 | 一人使用盲杖 |

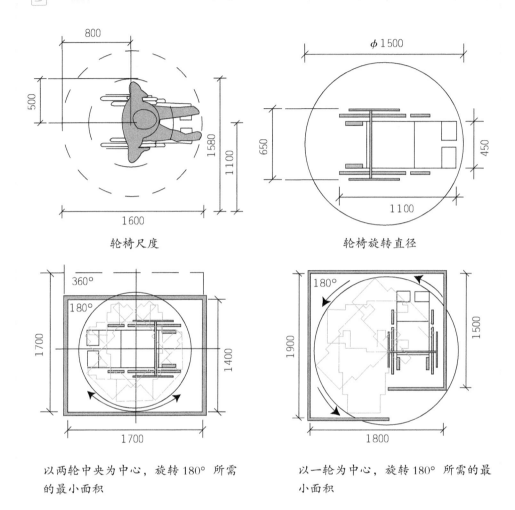

轮椅尺度

轮椅旋转直径

以两轮中央为中心，旋转180°所需的最小面积

以一轮为中心，旋转180°所需的最小面积

小贴士

若使用者行动不便需要靠轮椅通行时，在住宅的入口处应有不小于1500mm×1500mm的轮椅活动面积，套内的动线尽量设计成直交的形式，避免曲线设计。

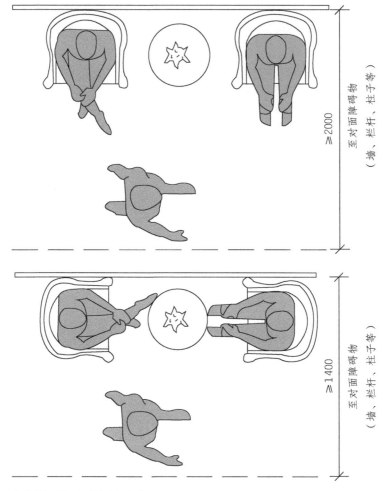

≥2000
至对面障碍物
（墙、栏杆、柱子等）

≥1400
至对面障碍物
（墙、栏杆、柱子等）

↑带休闲功能走道的通行宽度

思考与巩固

1. 住宅动线的划分形式有哪些？分别都有哪些类型的动线？

2. 门的开启方向对于动线规划有何作用？

3. 人体工程学对于动线的空间规划有什么指导意义？

功能空间的布局方式及合理动线设置

第三章

住宅空间的功能各不相同，在设计时了解各个空间的作用与特点，弄清楚空间格局的分类，了解各个功能空间常见的布置方式，这样才能把握动线设计的整体概念，为后期进行家具布置与合理动线规划奠定扎实的基础。

扫码下载本章课件

一、玄关设计

学习目标	本小节重点讲解玄关布局方式，以及合理动线的设置。
学习重点	了解玄关的格局与动线需求，掌握合理动线设计尺寸。

1 玄关的作用及常见类型

（1）玄关的作用

玄关设计在整个室内空间设计中起到了不可替代的作用，它是进出住宅的第一道"关口"，是室内装修风格的一个缩影，对整个空间的文化和品质起着非常重要的作用。

储物收纳	空间分割	装饰陈设
人们进入室内后，首先需要脱衣换鞋，玄关可以方便客人和主人脱衣挂帽，也可以用来储存鞋包、放置杂物等。	室内空间被外界看穿，易导致居住者缺乏安全感、归属感，大多数情况下都应确保室内空间具有良好的私密性。利用玄关进行遮掩，可以避免室内隐私外泄，这样不仅能对隐私进行充分保护，还能构建出一个临时性空间，用于短暂地待客。	玄关的装饰陈设功能是指在玄关内陈设某种装饰性物品，用以彰显宅主的生活品位和文化修养，像花草植被、玉器古玩等都可以作为展示品陈设在玄关内。玄关内的陈设物有着以点概面的作用，玄关的装饰陈设功能使其成为宅主生活品位的展示平台。

（2）玄关的类型

由于室内空间的不同，玄关的类型也有所不同，玄关的多样化可以满足各种家居设计的需求。

硬性玄关

硬性玄关是指在空间上围合性较强，常用隔断或者家具与内厅分开的玄关类型，从造型上又分为全隔断玄关和半隔断玄关。

软性玄关

软性玄关是指在平面区域上进行设计处理的方法。一般分为：天花板分区、墙面分区和地面分区。即在高度、色彩、质感及灯光上与内厅设计相区别。

2 玄关的格局与动线需求

有些户型在设计时并没有预留玄关的位置，从入口直接进入各功能区，这使得人在进入时没有相应的缓冲空间，会产生突兀感，而预留一个玄关的空间，则能有效避免这种情况。

← 实虚结合的玄关柜划定出了玄关空间，满足了过渡的要求，同时也提高了空间的交互性

玄关的主要功能便是满足出入时的换鞋、挂衣、小物品的放置需求，但这些收纳场景往往比较细碎，简单的一个鞋柜并不能满足，访客多的家庭则更需要扩容以满足人们的储物需求。

防止视线的穿透

　　如果没有玄关的遮挡，在门口短暂停留的人可能会对室内情况一览无余，这样套内空间的隐私性会荡然无存。

← 玄关维持了独立性，有助于保护隐私，同时穿过玄关进入室内能创造出一种柳暗花明又一村的即视感

3 常见玄关的布局方式

（1）独立式玄关

　　独立式玄关有较为明确的内外之分，不会让人一进来就看到屋子的全部。大部分玄关会布置柜子，以提供收纳鞋子、杂物的空间，部分玄关会做一些造型或挂画、摆放艺术品等，暗示主人的喜好，代表这间房子的个性。

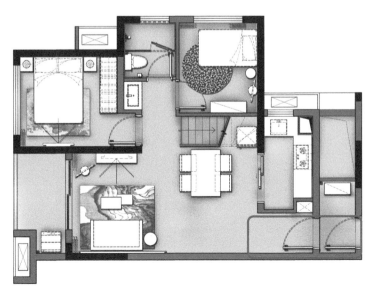

← 这类玄关能够从视觉上进行遮挡，避免了直接暴露套内空间的格局

（2）融合式玄关

因为玄关的存在会占掉一部分的空间，因此有些小户型的住宅空间不会单独设立玄关，而是和客厅、餐厅等空间合设，并通过一些手段做一些空间区分。如使用柜子分别分割两个空间，并进行收纳，这种方式占用的空间较少。

← 此类玄关没有明显的空间划分，一般是通过家具、隔断等进行动线规划

4 玄关的合理动线尺寸

玄关是套内动线的起点，因而在动线组织时主要考虑的是对通行是否有影响。即如何布置家具使得人在进入时不显局促，以及在行走时动线的畅通。

（1）常见的玄关家具及尺寸

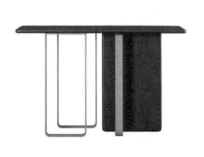

玄关台

宽 800~1250mm

深 300~450mm

高 750~780mm

玄关衣帽架

宽 无要求，可根据空间具体规划

深 350~430mm

高 1350~1650mm

鞋柜

宽 800~1200mm

深 250~350mm

高 650~1200mm

（2）玄关家具的动线尺寸关系

① 1300~1500mm　玄关入口处尽量设置可保证两个人通行的间距
② 550~900mm　换鞋区域需预留坐下更换鞋袜的距离

5 玄关布局与动线的优化应用

玄关是在室内布局和动线规划时比较容易忽视的部分，但玄关实际上是具有很强的引导性、过渡性的空间，若玄关规划不合理，很容易让人在入户时觉得不顺畅。

（1）玄关布局优化应用

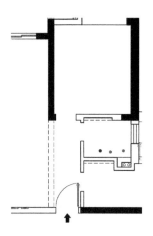

优化前：入户门正对着房间门，观感十分不好，没有任何缓冲的空间。

优化后：在大门正对处设置一个工字形的墙，一半做成储物柜，另一半用来划分玄关空间，设置的玄关柜能满足日常收纳需要。

（2）玄关动线优化应用

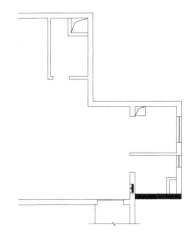

优化前：该户型较大，但是入户后便是一个较大的整体空间，缺乏引导性，容易让人产生混乱感。

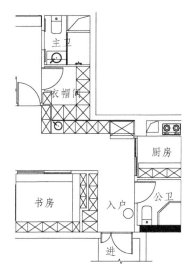

优化后：依托原来的梁位，在下方做一排储物柜，让入户的动线更加明确并形成转折，这样既能限定出玄关的空间，又能保护隐私。

思考与巩固

1. 玄关有哪几种类型？各自有什么特点？

2. 玄关动线在规划时需要注意哪些事项？

二、客厅设计

1 客厅的作用及功能分区

（1）客厅的作用

客厅是家庭群体生活的主要活动空间，是住宅交通枢纽，起着联系卧室、厨房、卫浴间、阳台等空间的作用。在和各功能空间的联系中，交通通道的布局显得非常关键，既决定着各空间转换的便利与否，又考验着空间面积的有效使用程度。同时，客厅可以具有很多功能，如交谈、就餐、工作和娱乐等，除此之外，还要考虑其休闲、聚会、会客等功能。

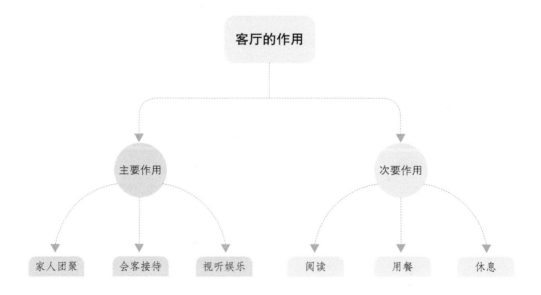

（2）客厅的功能分区

近年来，由于人们对于精神满足的要求越来越高，促使人们的生活变得更加丰富，客厅的功能也变得多样化。

　　客厅首先是家庭团聚交流的场所，这也是客厅的核心功能，因而往往通过一组沙发或座椅的巧妙围合形成一个适宜交流的场所。场所的位置一般位于客厅的几何中心处。家庭的团聚围绕电视机，展开休闲、饮茶、聊天等活动，形成一种亲切而热烈的氛围。

↑客厅家具围合的方式多样，但基本位于客厅的中心处，满足休闲功能

视听娱乐

　　听音乐和观看电视是人们生活中不可缺少的部分。现代视听装置的出现对其位置、布局以及与家居的关系提出了更加精密的要求。电视机的位置与沙发、座椅的摆放要吻合，以便坐着的人都能看到电视画面。另外电视机的位置和窗的位置有关，要避免逆光以及外部景观在屏幕上形成的反光对观看质量产生影响。

客厅中的娱乐活动主要包括棋牌、卡拉 OK、弹琴、游戏机等消遣活动。根据主人的不同爱好，应当在布局中考虑到娱乐区域的划分，根据每一种娱乐项目的特点，以不同的家具布置和设施来满足娱乐功能要求。

↑在客厅开辟了一片区域作为绘画区

布置实战解析

卡拉 OK 可以根据实际情况，或单独设立沙发、电视，或与会客区融为一体来考虑，使空间具备多功能的性质。而棋牌娱乐则需要有专门的牌桌和座椅，也可以做成和餐桌椅相结合的形式。

会客接待

客厅是一个家庭对外交流的场所，是一个家庭对外的窗口，在布局上要符合会客的距离和主客位置上的要求，在形式上要创造适宜的气氛，同时要表现出家庭的性质及主人的品位，达到微妙地对外展示的效果。在我国传统住宅中，会客区域是方向感较强的矩形空间，视觉中心是中堂画和八仙桌，主客分列八仙桌两侧。现代的会客空间的格局则要轻松得多，它位置随意，可以和家庭团聚空间合二为一，也可以单独形成亲切会客的小场所。围绕会客空间可以设置一些艺术灯具、花卉、艺术品，以调节气氛。

← 中式住
宅客厅会客
设计比较规
矩、传统

← 现代会
客空间的设
计较为随性

阅读功能

    在家庭的休闲活动中，阅读也占有一定的比例，这些活动没有明确的目的性，时间规律比较随意，因为也不必一定要在书房中进行。这部分区域在客厅中存在，但其位置不固定，往往随时间和场合而变动。如果白天喜欢靠近有阳光的地方阅读，则要注意座椅或书桌与窗户至少要保留 30~40cm 距离，避免日光直射影响阅读；而晚上如果希望在落地灯旁阅读，那么灯具的高度最好在 120~130cm。

← 灯具的高度可以根据座椅高度进行调整，但也不能过高或过低，以免影响阅读

用餐功能

在一些户型中，餐厅和客厅合并设置时，客厅就具备了用餐的功能，可以通过家具、植物等对空间进行灵活的分割，使得功能区更加一目了然。

休息功能

客厅的坐具可用作小憩的场所，从而为人们提供舒适的休息空间。

← 躺椅和沙发可供人短暂的休息

2 客厅的格局与动线需求

（1）客厅格局规划思路

客厅是家居空间中最常利用的场所，因此要以便捷为主，格局需占所有空间的第一顺位，且面积宜大不宜小，可与弹性空间做开放式结合，起到扩大面积的作用。

确定核心区属性

客厅是家人经常聚集的地方，这一特点是客厅格局规划的重点。不同的核心区属性因其空间划分和布置的不同而略有不同，因而需要根据其需求，求同存异，再确定客厅核心区属性。通常来说，核心区属性有以下几种。

视听
这是核心区最常规的属性，以茶几或电视为中心进行格局划分

交谈
将人与人之间的交流作为主体，削弱或摒弃视听功能

健身
取消茶几，保证前方充足的运动区域，也可跟着视频练习

游戏
常见于有小孩子的家庭，可为儿童提供娱乐区域，也防止了与茶几的磕碰

客厅作为一个多功能的空间，有着开放、包容的属性，这也就决定了客厅既可以单独成为独立区域，也可以和其他的空间相互融合，形成较为开放的格局。

↑客厅是家居生活的中心地带，如果与餐厅和厨房做开放式结合，会显得空间更大，动线也更流畅

（2）不同需求的客厅动线规划

每个人对于空间的需求不同。即使是相同的客厅空间，每个人也有不同的使用侧重。

对于常邀请亲朋好友到家做客的人而言，客厅的需求就是用来接待朋友，因此客厅、餐厅或者书房可以连接在一起，形成开放式的公共空间，这样接待朋友时会有足够多元化的空间来使用。同时，保证其他空间的私密性也是重要的。针对这种需求，可将整体格局一分为二，一半是以客厅为主的公共区域，一半是以卧室为主的私人区域，并将公共区域与私人区域的主动线分开，让造访的客人在客厅时不会打扰到私人区域。

家人相聚型动线规划

　　客厅若是主要用于家人看电视、聊天的场所，不常接待亲友，而是注重家人相聚，那么最好将客厅作为主动线的起点，然后延伸至餐厅、卧室等区域，使得客厅成为中心连接点，利用主动线串联公共区域与私人区域，让一家人既能方便走动到中间的公共区域相聚，同时也可以拥有自己的空间。

3 沙发茶几式核心区布置

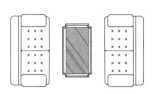

面对面式

适用于各种面积的客厅，可随着客厅大小变换沙发及茶几的尺寸，灵活性较强，更适合会客时使用。但面对面的布置形式在视听方面布置较为不便，需要人扭动头部来观看，影响观感。

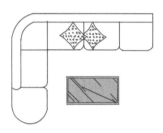

L 型

L 型的布置方式是客厅最常见的布置方式，可以采用"L"形的沙发组，也可以用 3+2 或者 3+1 的沙发组合。

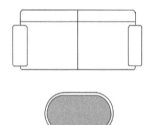

一字型

一字型的布置方式适合小户型的客厅使用，小巧舒适，整体元素较为简单。

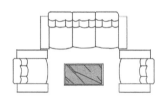

U 型

U 型的布置方式适用于大面积的客厅，面对面的沙发可根据实际情况进行放置，这种团坐的布置方式使得家庭气氛更亲近。

4 客厅家具的合理动线尺寸

客厅常见的家具有沙发、茶几、电视柜等，摆放时需考虑家具使用的空间要求、空间大小、与人的关系等各种细微的方面，这样动线才能更合理。

（1）常见客厅家具与尺寸

三人沙发

长 1750~2440mm

宽 800~900mm

高 700~900mm

双人沙发

长 1260~1500mm

宽 800~900mm

高 700~900mm

单人沙发

长 800~950mm

宽 850~900mm

高 700~900mm

茶几

长 600~1800mm

宽 380~800mm

高 380~500mm

电视柜

长 800~2000mm

宽 350~500mm

高 400~550mm

扶手椅

座深 400~440mm

座宽大于 460mm

座高 400~440mm

靠背椅

座前宽大于 380mm

座深 340~420mm

座高 400~450mm

装饰柜

长 800~1500mm

宽 300~450mm

高 1500~1800mm

（2）客厅家具动线尺寸关系

① 300~450mm　茶几的高度应与沙发、座椅被坐时的高度一致

② 760~910mm　茶几与座椅之间的可通行距离

③ 墙面的 1/2 或 1/3　沙发靠墙摆放的最佳宽度

① 1500~2100mm　沙发与电视的距离，具体需根据客厅以及电视的尺寸来确定

② 400~450mm　茶几与主沙发之间要保留的距离

③ 1000~1200mm　电视中心点离地高度

① 520~1520mm　一人通行时适宜尺寸为520mm，两人并排通行时，通道最大尺寸为1520mm

② 300~520mm　椅子与窗之间若设置走道，则最小距离为300mm，适宜距离为520mm

5 客厅布局与动线优化的应用

（1）客厅布局优化应用

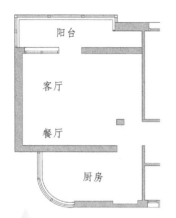

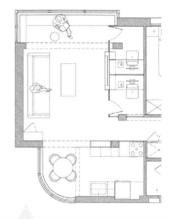

优化前：该户型比较大的问题是客厅的采光不够充足，阳台和客厅之间使用的是门连窗，阻挡了部分阳台的光线。厨房使用的是平开门，内部广角窗的光线同样被隔墙阻隔，客厅和餐厅堆放在一起，看起来比较拥挤。

优化后：将客厅两侧的隔墙拆除，让客厅借用阳台和厨房两侧的窗采光，然后将餐厅从客厅挪到厨房，并将客厅内部空间再划分出一个玻璃隔断书房，保证客厅良好的格局规划。

（2）客厅动线优化应用

优化前：进门便是客厅，所有的主动线都以客厅作为出发点，直接导致客厅缺乏电视墙，次动线无法安排。

优化后：在正对门处设置隔墙，使得动线需要转折才能到达客厅，同时将电视到沙发的次动线与主动线进行合并，使得动线可重复利用，提升了效率。

思考与巩固

1. 客厅的功能分区对于空间规划和动线设置有哪些影响？

2. 客厅核心区的布置方式有哪些？

3. 客厅的动线安排与家具尺寸有什么关系？

三、餐厅空间设计

学习目标	本小节重点讲解餐厅空间布局方式，以及合理动线的设置。
学习重点	了解餐厅空间的格局与动线需求，掌握合理动线设计尺寸。

1 餐厅的作用及功能分区

（1）餐厅的作用

现代社会，餐厅除了具有传统、基本的日常就餐功能外，往往还是家庭交流聚会的场所。餐厅成为客厅的延伸和扩展，也就是客厅与厨房之间的过渡与连接，同时在空间和功能上衔接着这两个空间。餐厅的功能在现今变得越来越多元化和现代化。

（2）餐厅的功能分区

餐厅最基本的功能是提供家庭就餐的场所，但它也可以具备其他的社交活动功能，一个好的餐厅往往暗示着家庭生活融洽而美好的气氛。

就餐功能

现代家居空间中，餐厅的最基本的任务就是给家庭成员提供舒适、轻松的就餐场所，使得他们一日三餐有固定的场所完成餐饮活动。

← 圆形餐桌适配任何
形状的餐厅，其围合
感也能使得就餐气氛
更加温馨

家庭交流、娱乐功能

　　中国的餐桌文化原本就非常盛行，在经济高速发展的现代社会，随着人们生活水平的逐渐提高，家庭的餐厅也逐渐成为家人之间日常交流，或者与亲朋好友聚会、娱乐的场所。

阅读功能

随着西方家居设计理念的渗透，人们对阅读场所的概念也逐渐变得模糊，加上现代家居餐厨空间油烟的大大减少，除了在书房的正式工作和阅读，有些轻松的、休闲的阅读行为，在客厅与餐厅进行似乎更为温馨和有家庭气氛，也能利用人们的碎片时间，养成随时阅读的好习惯。

餐具、食品收纳功能

现代餐厅空间还具有一定的收纳功能，多体现在餐柜上，用于收纳家庭零食、副食品、餐具等，作为厨房空间的扩展。餐桌有时也用来展示一些精美餐具或者酒具，增添餐厅的就餐氛围，展现主人品位。

2 餐厅的格局与动线需求

（1）不同需求的餐厅格局规划

　　餐厅在住宅空间中通常是连接厨房与客厅的重要节点，其在整个住宅中的位置与空间划分暗示着这个家庭的饮食习惯和生活习惯，同时受到户型大小以及形状的影响。

品酒休闲

　　针对有品酒喜好的人群，在套内面积有限的情况下，可将品酒区和餐厅结合，在餐厅增加酒柜是很好的方式。

← 靠墙处设计酒柜可以满足品酒的需求

充分采光

　　部分户型受限于先天格局，餐厅没有良好的采光，从而显得空间格局阴暗逼仄，进而会导致居住者用餐时的心情不够愉悦。

← 将餐厅和书房使用玻璃门连接，既保证了各自的私密性，也让餐厅更加明亮

满足收纳

餐厅中最容易造成混乱的地带无疑是餐桌，餐桌作为空间中使用率最高的地方，存放的物品也繁杂多样，所以可以通过格局优化增加相应的储物空间。

→ 餐边柜和卡座进行一体化设计，将收纳的空间置于墙面和卡座底部，既能满足日常储物，也能节省空间

（2）不同需求的餐厅动线规划

不同的家庭饮食习惯、用餐方式的不同，决定了餐厅的空间布局方式和动线会有一定的变化，所以根据需求进行合理的动线布置是其中的重点。

小贴士

餐厅在整个住宅中格局规划的要点是要与厨房紧密相连，并且与客厅的位置关系便利明了，这样既符合"下厨—就餐"的活动规律，也方便家庭成员的交流活动保持连贯，在居住空间的功能划分上也有逐渐的过渡。

考虑油烟控制的动线规划

考虑油烟控制的动线在规划时首先要将餐厨进行隔离，而由于开关门，会造成动线的短暂停顿，因而要更加简化餐厅内部及其与其他空间联系的动线，避免不必要的动线迂回。

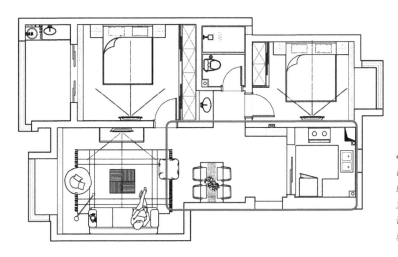

← 餐厅靠墙设置，可以给另一侧留出足够的通行空间；将玄关置于餐厅和厨房的中部也能延长动线，减弱油烟的内部扩散

注重交流的动线规划

交流动线实现的前提条件是要形成较为开放的空间，这种动线可以通过吧台、隔断、玻璃推拉门的方式实现。

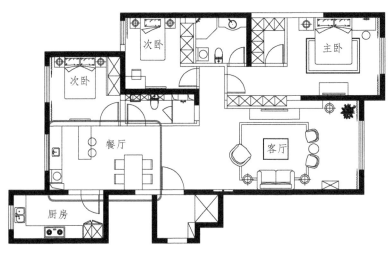

← 厨房、餐厅之间没有明显的遮挡物，可以在原位进行交流，无需来回折返

3 常见的餐厅布置方式

（1）独立式餐厅

独立式餐厅是指餐厅在空间上单独存在，不与其他功能空间发生直接联系，但是尽量保持与厨房的紧密联系，以免动线过长，从而影响上菜的效率。

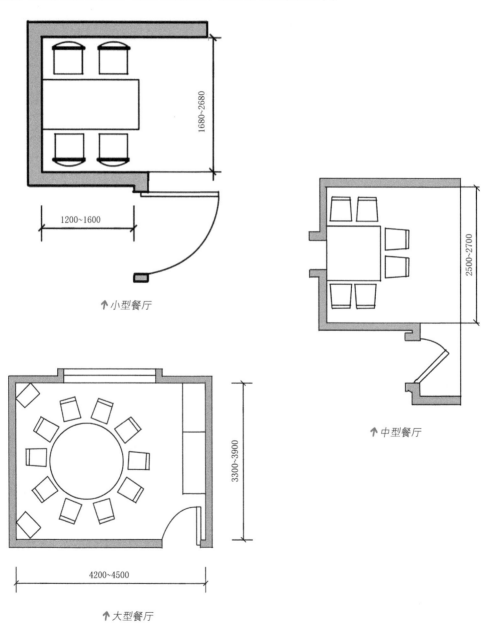

↑ 小型餐厅

↑ 中型餐厅

↑ 大型餐厅

（2）和客厅合并布置

这种布置形式相对来说比较常见，常见于小户型中。用餐和客厅都是活动场所，布置在一起可以获得更宽敞的就餐体验，这两种空间的融合丰富了餐厅的功能表现形式，同时还增大了客厅面积。餐厅与客厅设在同一个房间时，为了与客厅在空间上有所分隔，可通过矮柜、组合柜或软装饰做半开放或封闭式的分隔。

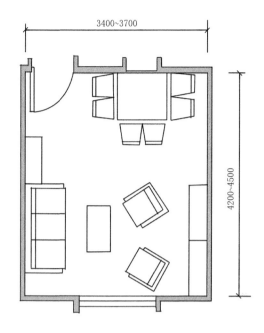

（3）和厨房合并布置

餐厅和厨房合并布置是西方国家的一种布局手法，我国目前也较为流行。这种形式缩短了餐厅到厨房的动线，可以使家务的进行更加顺畅。有所不足的是，烹调区域的油烟无法遮挡，进食时会受到影响。

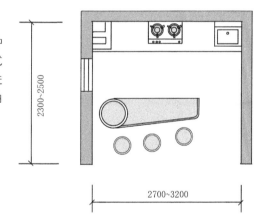

4 餐厅家具的合理动线尺寸

餐厅动线规划时除了需要考虑一般家具的大小、摆放形式，还需要注意家具与人的交互关系，并以此为标准，深化动线设计。

（1）常见餐厅家具与尺寸

长方桌

宽 800~1200mm
长 1500~2400mm
高 700~780mm

方形桌

宽 600~1200mm
长 600~1200mm
高 700~780mm

圆桌

直径 500~1800mm
高 700~780mm

餐厅柜

宽 350~400mm
长 800~1800mm
高 600~1000mm

壁柜

宽 400~550mm
长 800~1800mm
高 1500~2000mm

餐椅

座宽 ≥ 380
座深 340~420mm
座高 400~450mm

（2）餐厅家具动线尺寸关系

① 1210~1520mm 从桌子到墙的总距离，这个适用于人就餐时，椅子后方可以供一人舒适行走的距离

② 450~610mm 餐椅拉出的舒适距离，若餐厅面积过小，则按照椅面座深设计即可

③ 760~910mm 餐椅到边柜的通行宽度，极限情况下需侧身通行

① 760~910mm　餐椅后方到立柜的距离

② 450~760mm　卡座到餐桌的距离，卡座的设计相比椅子来说更为紧凑

③ 400~500mm　卡座的座深，基本和普通椅子相同

① 3350~3660mm　此为标准的六人用圆形餐桌直径，圆桌更有益于家人之间的交流

② 450~610mm　圆桌就座区的宽度

③ ≥305mm　餐椅与墙面的最小距离，小于305mm则一人侧身通过时可能会有困难

④ 3350~3650mm　两侧都可供人侧身通过的六人餐桌布置区间，若餐厅面宽和进深无法满足，则要考虑更换布置方式

5 餐厅布局与动线优化应用

（1）餐厅布局优化应用

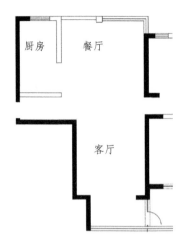

优化前：此案例中的餐厅过于宽敞，基本可以与客厅媲美，造成了不必要的面积浪费。

优化后：将餐厅和厨房合设，并将多余出来的部分改造为书房，拓展了套内的功能，这种格局也能最大化利用空间。

（2）餐厅动线优化应用

优化前：原有布局是将客厅旁边的阳台作为餐厅使用，但这种方式导致餐厅的面积比较小，而且厨房和餐厅之间虽然只有一面墙，却要经过两道门，动线不仅长而且还曲折。

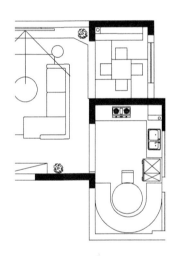

优化后：将餐厅移位并和厨房合设，从而缩短厨房与餐厅之间的动线，半圆形的布局形式也能够容纳更多的就餐者。

思考与巩固

1. 餐厅在布局时需要考虑哪些需求？

2. 餐厅的布置方式有哪些？

3. 餐厅动线在设计时要考虑哪些需求？

四、卧室空间设计

学习目标	本小节重点讲解卧室空间布局方式，以及合理动线的设置。
学习重点	了解卧室空间的格局与动线需求，掌握合理动线设计尺寸。

1 卧室的作用及功能分区

（1）卧室的作用

卧室是家居空间里最为基本的功能空间，要为居住者提供睡眠、休息的环境以补充每日的体力消耗，居住者每天基本要花三分之一的时间在卧室，所以营造舒适轻松、安静温馨的卧室氛围，使每个居住者有好的休息环境，放松心情，能身心愉快、精力充沛地迎接新的一天，是住宅设计的最终目标。

（2）卧室的功能分区

睡眠

卧室的核心功能是为居住者提供睡眠的场所，要保证居住者有安静、舒适的心情，就要营造能让人安心入睡的环境，因此卧室也是住宅中较为私密和最为安静的空间。

← 舒适的床铺是休息功能实现的保障

　　有些住宅没有条件设置单独的书房，而家中成员每个人都有即时阅读与工作的需求，如果说书房的工作和阅读是比较正式和紧张的，卧室的阅读和工作则是即时和较为放松的。因此现代家庭的卧室设计经常会带有小型的工作区域，或者是一张休闲椅，满足居住者随时工作与学习的要求。

↑ 在卧室中使用抬高地面的方法区分工作区和休息区，巧妙地在卧室中植入了书房，优化了布局形式，满足了阅读的需求

↑ 在飘窗处设计一个小型的阅读角落，采光也很好，有助于阅读

储物

卧室与睡眠有关，居住者每日就寝前、起床后都有更衣梳妆的行为过程，因此卧室也有储存衣物、被褥、隐私物品，以及更衣、梳妆的要求，为居住者提供基本的生活辅助功能。

↑ 充足的储物空间可以在一定程度上防止衣物随意乱丢造成的杂乱现象

交流、视听

卧室的主要功能是提供休息和睡眠，在休息时播放音乐，或者是观看影视，能调节生活气氛，增加生活乐趣，放松心情，也能作为其他独立活动空间，不影响其他人的休息。

→ 躺在床上观看电视是一种放松心情的方式

2 卧室的格局与动线需求

（1）不同需求的卧室格局规划

卧室的种类根据不同的使用人群可以粗略地划分为主卧、次卧、客卧，次卧与客卧一般功能需求类似，但主卧则有可能在一般功能的基础上进行个人化的定制设计。

舒适明亮的卧室

卧室的面积不宜过大也不宜过小，20m² 上下为较舒适的面积指标。采光也是一项重要的指标，好的卧室应有充足的自然光。所以，朝北的卧室可以尽量将窗户做大，防止过小的窗口导致房间阴暗，让人心情压抑。

引入沐浴空间

沐浴空间一般位于主卧，能满足主人的洗澡需求。通常是在原有的主卫基础上进行设计，若主卫面积不足，则以占用原有走道、次卧的方式来打造沐浴空间。

打造衣帽间

衣帽间设置在卧室比较方便，随用随取，衣物的收纳比较有条理，不易杂乱。因而在卧室面积条件允许的情况下，设置一个衣帽间能够让卧室空间的使用效率更高。

步入式衣帽间的平面布局有三种方式，分别为二字型、U型、L型。

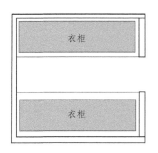
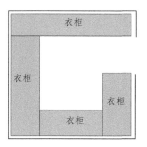
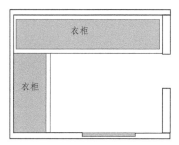

弹性需求的卧室

如果家庭来访者较多，或者是户型面积较小，但对空间功能有较多的需求，则可以选择从公共区或半公共区借空间的方式，将其打造成多功能性的空间。

← 单身公寓中的卧室做成榻榻米的形式，并且和客厅之间采用透明木质推拉门进行分割，这让卧室在白天可以作为客厅附属的娱乐室使用

（2）不同需求的卧室动线规划

收纳需求强

　　收纳是卧室的主要机能，进行系统的收纳整理能够有效避免卧室的杂乱。这里需要注意的是，简单的收纳方式应当以床为出发点设置，这样可以有效减少动线迂回，而单独的更衣间在动线设计上灵活性较强。

　　← 在床的右侧和床尾处都设置了收纳家具，满足大容量收纳需求的同时，也可将收纳动线集中在卧室右半部分，减少与其他功能动线的交叉

阅读需求强

　　阅读属于卧室中的附加需求，而在动线设计时一般有两种方式：一种是与其他功能的动线进行拟合，减少走动范围；另一种是采用单独的阅读动线设计，减少与其他功能动线的交叉，防止彼此之间的干扰，这两种方式各有利弊，选择时要根据实际情况确定。

　　← 阅读动线仅在阳台内部进行，可以减少他人进入卧室时的视线干扰

3 不同卧室间的关联设置

　　不同住宅的卧室面积有大有小，在小户型中，可能是由一个或几个小型的基础卧室组成主人卧室、次卧室和其他卧室；在中等户型的住宅中，一般是由一个中型的主人卧室和几个满足基本功能的基础卧室组成；在大型的住宅中，则可以有一个或者几个大型的卧室套间构成主卧或是双主卧，再有一到两个中型的次卧室，加上若干基础卧室组成整个住宅的卧室体系，要根据不同的面积、空间状态和居住者的具体需求来具体设计。

　　一般来说，在整个住宅的卧室空间规划上，要把主人卧室尽量向住宅尽端布置，保持主人卧室的安静和私密性，接下来是儿童卧室。老人卧室应靠近大门，方便老人出入，客卧也应靠近入户大门，与其他卧室分隔开。如果是多层的别墅住宅，主卧一般设在顶层最为安静、景观较好的位置，老人卧室和客卧一般在一层，靠近入户门的位置。

次卧（老人卧室）尽量靠近大门或客厅

主卧尽量分布在住宅尽端

儿童房位置靠近主卧

4 卧室的布置方式

（1）纵向布置的卧室

单人床的布置形式

采用单人床的卧室一般空间面积较小，因而在布置时尽量把床沿墙布置，以减少走道的交通面积。

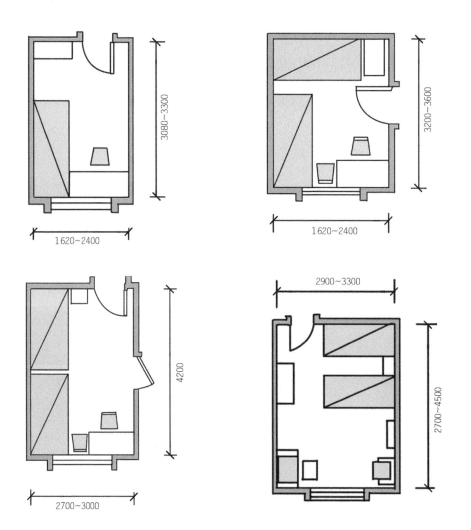

双人床的布置形式

双人床在纵向房间布置时要注意门不要直接对床，以免开门时一览无余，从而丧失私密性和安全感。

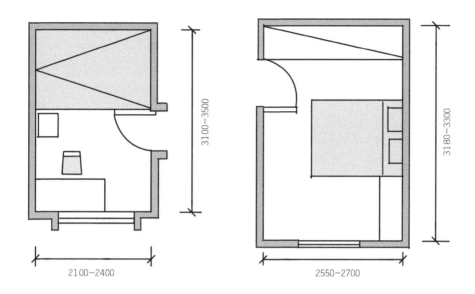

2100~2400   3100~3500

2550~2700   3180~3300

（2）横向布置的卧室

单人床的布置形式

　　横向卧室在布置单人床时要注意留有足够的通行空间，柜子在摆设时要注意开启方向，尽量保证室内面积的完整。

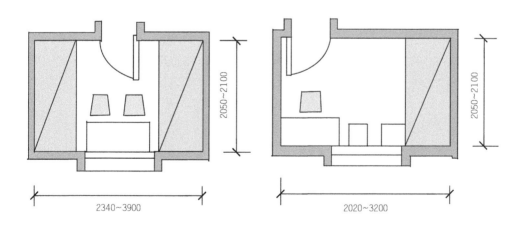

2340~3900   2050~2100

2020~3200   2050~2100

双人床的布置形式

横向房间布置双人床可把床放在中心区域，预留充足的行走空间，其他的家具如柜子可沿着门口区域的墙布置，书桌或者梳妆台尽量布置在窗户附近。

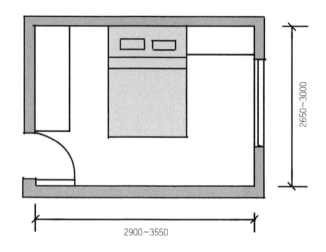

2650~3000

2900~3550

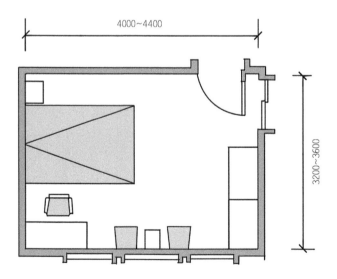

4000~4400

3200~3600

5 卧室家具的合理动线尺寸

（1）常见卧室家具与尺寸

双人床

宽 1350~1800mm

长 2050~2100mm

高 420~440mm

单人床

宽 720~1200mm

长 2050~2100mm

高 420~440mm

双层床

宽 700~900mm

长 1850~2000mm

高 400~440mm（层间高大于980）

双门衣柜

宽 530~600mm

长 1000~1200mm

高 2200~2400mm

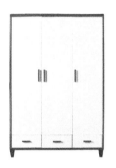

三门衣柜

宽 530~600mm

长 1200~1350mm

高 2200~2400mm

五斗橱

宽 500~600mm

长 900~1350mm

高 1000~1200mm

折叠沙发床

宽 550~600mm

长 2050~2100mm

高 400~440mm

梳妆台

宽 610~760mm

长 850~1200mm

高 710~760mm

床头柜

宽 300~450mm

长 400~600mm

高 500~700mm

婴儿床

宽 550~700mm

长 1000~1250mm

高 900~1100mm

箱子

宽 400~600mm

长 700~950mm

高 320~500mm

（2）卧室家具动线尺寸关系

① 530~600mm 衣柜设在床的侧面时，床与衣柜之间的最小距离

② 床的面积最好不要超过卧室面积的二分之一，理想的比例是三分之一

③ 300~450mm 床头柜的宽度

① 1060~1220mm　卧室放置一张桌子时，椅子距离床的适宜距离

② 500~750mm　桌子的宽度（容纳座椅的最佳深度）

③ 400~600mm　床周围可供一人通行需要预留的距离

6 卧室布局与动线的优化应用

（1）卧室布局优化应用

书房　　卧室

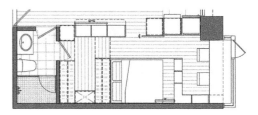

优化前：书房占去了比较多的空间，同时没有足够的储物空间。业主的诉求是既能够有一个小的书房又能有更多的储物区，理想状态是可以有一个独立的步入式更衣室。

优化后：卧室与公共区之间的墙面全部变成了柜子，一侧用来收纳储物，另一侧做饰面处理充当墙壁。然后将书房与卧室合并，在内部设置步入式衣帽间以及小型的阅读区域。

（2）卧室动线优化应用

业主想要私密性好一些的睡眠区，但若使用隔墙，白天会阻挡客厅的光线。

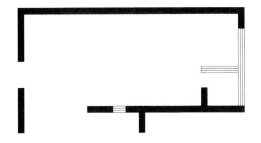 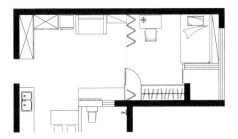

优化前： 该户型从入户门可以直接望进卧室，在主动线的处理上直来直去，没有很好地保护卧室的隐私。

优化后： 在客厅和卧室之间加装一道折叠门，这样可以在视线上有遮挡，访客动线也会在门处终止，可以在一定程度上保护主人的隐私。

思考与巩固

1. 卧室的功能分区通常有哪些？

2. 针对较强的收纳需求，动线应该如何设计？

3. 多个卧室在套内空间是如何联系的？

五、厨房空间设计

学习目标	本小节重点讲解厨房空间布局方式，以及合理动线的设置。
学习重点	了解厨房空间的格局与动线需求，掌握合理动线设计尺寸。

1 厨房功能分区

厨房本应是住宅空间中功能最为专业也最为单一的空间，承担着家庭烹饪的功能。但随着现代社会科技与人文的进步，人们对生活的要求越来越高，厨房的功能越来越强大，除了基本的烹饪功能以外，现代厨房还具有强大的收纳功能，不仅能收纳食材、副食品，还能收纳与餐饮有关的餐具、酒具以及各种烹饪设备与电器。

烹调空间

进行烹调操作活动的空间，主要集中在灶台前的区域。

清洁空间

进行蔬菜、餐具等的洗涤及家务清洗等活动的空间，主要为洗涤池前的区域。

准备空间

进行烹调准备、餐前准备、餐后整理及凉菜制作等活动的空间，主要集中在操作台及备餐台前的区域。

储藏空间

用于摆放、整理食品原料、饮食器具、炊事用具，对食品进行冷冻、冷藏的空间。

设备空间

炉灶、洗涤池、抽油烟机、上下水管线、燃气管线及燃气表、排风道以及热水器等设备所需的空间。

通行空间

为不影响厨房操作活动而必需的通道。

↑ 明确的厨房分区可以减少烹调时的慌乱感

除了以上的传统与基本功能以外，现代厨房有时候也是家庭成员交流与互动的场所，他们可以通过烹饪与进餐的行为，达到与家人交流感情、丰富生活乐趣的效果，使居住者的家庭关系更为融洽。

← 开放式的设计让厨房化身交流的场所

2 厨房的格局与动线需求

由于厨房功能的专业性，固定的燃气管道、排烟管井、给排水管道以及地面的预先沉降都决定了厨房的位置一般是在住宅建成后就不可随意改动的。厨房的面积可以有适当的增减，内部的布局可以适当调整，但是完全的位置迁移就比较难做到，只能根据既有的空间进行优化。通常厨房格局和动线的优化可从以下三个方面入手。

（1）丰富的储藏空间

一般家庭厨房都采用组合式吊柜、吊架等，以合理地利用一切可储存物品的空间，增强厨房的利用效率。

餐具器皿的收纳

烹饪设备、电器的放置

较重的厨具收纳

（2）足够的操作空间

在厨房里，要洗涤和配切食品，要有搁置餐具、熟食的周转场所，要有存放烹饪器具和佐料的地方，以保证基本的操作空间，这些操作空间不仅要相互独立还要相互联系，因而在规划时可根据厨房的操作流程进行细分，预留出足够的操作空间。

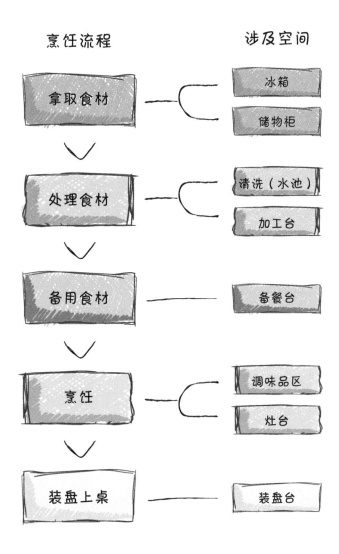

（3）充分的活动空间

厨房里的布局是顺着食品的储存和准备、清洗和烹调这一操作过程安排的，应沿着三项主要设备即炉灶、冰箱和水槽组成一个三角形。因为这三个功能通常要互相配合，所以要安置在最适宜的距离以节省时间和人力。这三边之和以 3.6~6m 为宜，过长和过短都会影响操作。

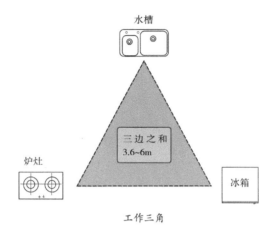

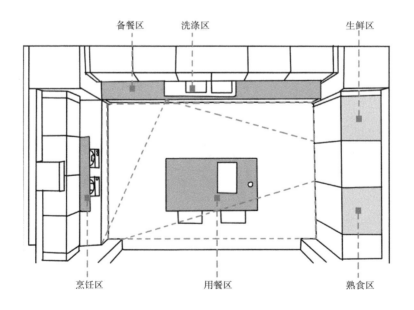

↑三角形工作空间又可以根据其具体功能的不同，更细致地划分为：餐具储藏区、食品储藏区、洗涤区、准备区、烹饪区

通过图示分析操作步骤，我们发现，厨房在操作时，洗涤区和烹饪区的往复最频繁，把这一距离调整到 1.22~1.83m 较为合理。为了有效利用空间、减少往复，建议把存放蔬菜的箱子、刀具、清洁剂等以洗涤池为中心存放，在炉灶旁两侧应留出足够的空间，以便于放置锅、铲、碟、盘、碗等器具。

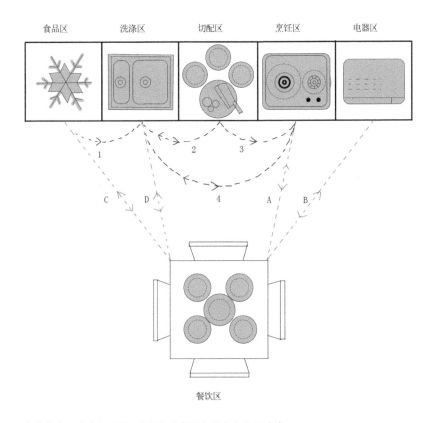

食品区　洗涤区　切配区　烹饪区　电器区

餐饮区

↑ 数字为厨房内部动线，字母为用餐区和厨房之间的动线

3 厨房的常见布局方式

（1）一字型厨房

一字型厨房即厨房和橱柜呈"一"字形长条布置，功能较为紧凑，能够合理地提供烹调所需的空间，可以水池为中心，朝两侧分别操作。

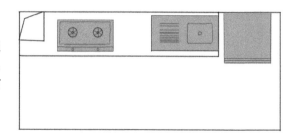

适用情况

采用此种布置的厨房，其开间净空一般在 1.6~2m，适用于与厨房入口相对的一边嵌套服务阳台而无法采用 L 型布置的、只能单面布置橱柜设备的狭长形厨房

优势

◆ 橱柜布置简单

◆ 立管和风道集中布置，节约设备空间

劣势

◆ 操作中必须沿台面方向进行动线规划，这使得动线长、工作效率降低

◆ 通道单侧使用，难以重复利用空间，降低了空间利用的效率

（2）二字型厨房

顾名思义，二字型厨房布局就是操作平台位于过道两侧，将水槽、燃气灶、操作台设在一边，将备餐台、储藏柜、冰箱等电气设备放在另一边。

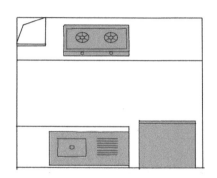

适用情况

采用此种布置的厨房，其开间净空一般不小于2.2m，适用于与厨房入口相对的一边嵌套服务阳台而无法采用U型布置，但可以沿两个长边布置橱柜设备的近似方形厨房

优势

◆可以重复利用厨房的走道空间，提高空间的使用效率，较为经济

◆水盆台面和灶具台面可以设置成不同高度，更符合人体工程学

劣势

◆不能按炊事流程连续操作，需有转身动作

◆不利于管线的集中布置，需双侧设置竖向管线

◆占用面宽过大

（3）L型厨房

L型厨房使整个厨房的设计比例呈现"L"形布局，在两个完整的墙面上布置连续的操作台，是一种比较常见的布置形式。通常会将水槽设在靠窗台处，灶台设在墙面处。

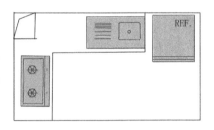

适用情况

采用此种布置的厨房，其开间净空一般在1.6~2m，适用于厨房入口在短边且没有嵌套服务阳台，或者入口在长边但在短边嵌套服务阳台的狭长形厨房

优势

◆较为符合厨房操作流程，在转角处工作时移动较少

◆在一定程度上节省空间

◆立管和风道集中布置，节约设备空间

劣势

"L"形橱柜转角处如果不布置竖向管线，角部空间则不易利用

（4）U型厨房

U 型厨房是双向走动、双操作台的形式，是实用而高效的布置形式。利用三面墙来布置台面和橱柜，相互连贯，操作台面长，储藏空间足。

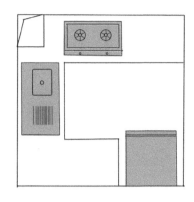

适用情况

◆ "U" 形中的短边开窗：采用此种布置的厨房，其开间净空一般不小于 2.2m，适用于厨房入口在短边且没有嵌套服务阳台的方形厨房，面积使用效率较高

◆ "U" 形中的长边开窗：采用此种布置的厨房，其开间净空一般在 3m 以上，适用于厨房入口在长边，没有嵌套服务阳台且窗户在长边的狭长形厨房

优势

◆十分符合厨房操作流程，从冰箱到水池到灶台的操作面连续，在转角处工作时移动较少，方便使用

◆设备布置较为灵活

◆采用 "U" 形中的短边开窗的方式，还能有较长的操作台面

劣势

橱柜转角处的空间不易利用

（5）岛式厨房

岛式厨房一般是在一字型、L 型或者 U 型厨房的基础上加以扩展，中部或者外部设有独立的工作台，呈现岛状。中间的岛台上设置水槽、炉灶、储物或者就餐用餐桌和吧台等设备。是西方开放式厨房经常采用的布局。

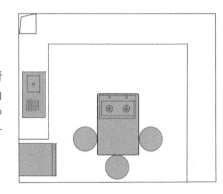

适用情况

　　岛式平面布局在中小套型厨房中较为少见，多用于大套型的厨房中，且多在 DK 型厨房（餐厨合一的厨房）和开敞厨房的平面设计中采用

优势

　　◆适合多人参与厨房操作，有利于做饭时与家庭成员或客人之间的互动，厨房的气氛活跃

　　◆空间效果开敞

劣势

　　◆占用空间较多

　　◆开放式布局如果进行中式烹饪，油烟气味散溢，会污染到其他房间

4 厨房家具的合理动线尺寸

　　厨房各个方位的尺寸以及家具的尺寸能够直接对生活产生影响，因而按照合理的尺寸科学装修厨房是十分重要的。

（1）常见厨房家具与尺寸

地柜

宽　550~600mm

长　800~1200mm

高　680~700mm

壁柜

宽　550~600mm

长　500~1200mm

高　1800~2000mm

吊柜

宽　300~350mm

长　800~1200mm

高　300~750mm

搁板

宽 250~300mm

长 400~800mm

高 20~30mm

收纳柜

宽 530~500mm

长 400~1200mm

高 800~1200mm

（2）常见厨房设备与尺寸

台式电烤箱

宽 300~350mm

长 400~500mm

高 250~300mm

微波炉

宽 360~400mm

长 450~550mm

高 280~320mm

燃气灶（台式）

宽 375mm

长 725mm

高 115mm

燃气灶（镶嵌式）

宽 380mm

长 680mm

高 50mm

对开门冰箱

宽 800~1300mm

深 550~750mm

高 1700~1900mm

三门冰箱

宽 500~600mm

深 550~750mm

高 1700~1800mm

（3）厨房家具动线尺寸关系

　　厨房动线的设计和厨房布局方式有很大的关系，但基本原则是要尽可能地重复利用空间，缩短动线的长度。

炉灶动线尺寸关系

① 890~920mm　炉灶的标准高度

② ≥1010mm　炉灶工作区的距离，通常按照两人并排行进的最小距离来测算

③ 600~1800mm　使用者站立时举手拉开吊柜到垂手开低柜门的距离

④ 610mm　炉面到抽油烟机底的距离

水池动线尺寸关系

① 890~915mm　水槽面的高度

② ≥305mm　水槽边缘与拐角处台面之间的最小距离，任意一侧满足此项条件即可

③ 710~1065mm　双眼水槽的长度。若设置单眼水槽，其长度为 440~750mm

① 1400~1765mm 落地冰箱的高度。选用柜下布置冰箱时，要事先考虑到冰箱尺寸，防止塞不下或者空隙过大不美观的现象发生

② ≥914mm 冰箱前预留的走道的距离。冰箱前有足够的距离才能满足冰箱开关门以及人蹲下取物时的需要

5 厨房布局与动线优化应用

（1）厨房布局优化应用

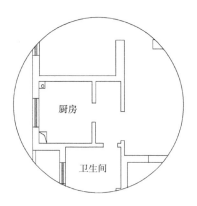

优化前：厨房与卫生间共用同一个过道，但过道里面没有采光，昏暗且会造成面积浪费，与此同时，厨房面积却是勉强够用，规划较为不合理。

优化后：将过道拆除后，其原有面积分散到厨房和卫生间，因而厨房可以获得更多的活动空间，收纳的能力也直线提升。

（2）厨房动线优化应用

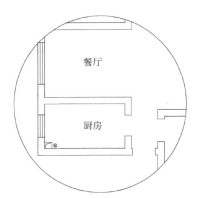

优化前：厨房的门紧挨着入户门，并且从厨房到餐厅需要绕圈，动线不合理，日常使用中比较麻烦。

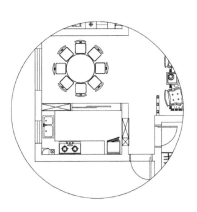

优化后：改变厨房开门的位置，将门正对餐厅开启，大幅度缩短厨房到餐厅的动线距离，从而让餐厨动线更加简单。

思考与巩固

1. 厨房在规划时需要满足哪些功能要求？

2. 厨房常见的布局方式有哪些？各自的适用情况？

3. 厨房炉灶在使用时有哪些需要重点注意的动线尺寸？

六、卫浴空间设计

学习目标	本小节重点讲解卫浴空间布局方式，以及合理动线的设置。
学习重点	了解卫浴空间的格局与动线需求，掌握合理动线设计尺寸。

1 卫浴间的功能分区

卫浴间的功能分区可按照下面几个类别进行空间格局的划分和动线的布置。

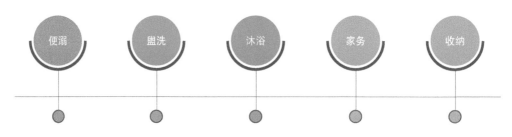

卫浴间功能分区

便溺：解决日常的便溺，即如厕问题，这是卫浴间最基本也是最重要的功能之一。

盥洗：解决日常的盥洗功能，如洗手、洗脸、刷牙等，现代生活对盥洗功能要求越来越高，除了日常的洗脸、刷牙，还有部分的清洁、护理、美容美发的活动，也会在卫浴间进行，因此对于卫浴间盥洗的设计要求也趋向于越来越干净、美观、方便的方向。

沐浴：解决日常的淋浴功能，除了一般的日常的淋浴，空间宽敞的卫浴间还可以有休闲型的洗浴方式，比如泡泡浴、蒸汽浴等。

家务：如住宅中没有生活阳台，卫生间还要承担部分的清洁家务功能，如洗衣、晾晒、拖地等。

收纳：便溺、盥洗、沐浴、家务这四项活动所需要的器具、设备等物品都需要一定的设备放置空间与储物空间。

收纳储物功能

淋浴功能

便溺功能

家务、清洁功能

盥洗功能

2 卫浴间的布置形式

卫浴间根据卫浴设备不同的布局方式可分为三种类型，分别为兼用型、折中型、独立型。

（1）兼用型

兼用型是把洗手盆、便器、淋浴或浴盆放置在一起的一种布置方式。

优点

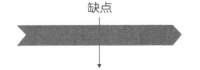

缺点

节省空间、管道布置简单，相对来说经济实惠、性价比高；所有活动都集中在一个空间内，动线较短

空间较为局促，而且当有人使用时，他人就不能使用。面积较小时，相应的储藏能力就会降低，不适合人口多的家庭使用

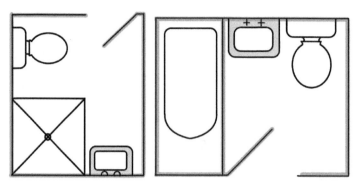

↑ 兼用型卫浴间在布置时，可根据卫生间的尺寸灵活选择卫浴设备

（2）折中型

是指卫浴空间中的基本设备相对独立，但有部分合二为一的布置形式。

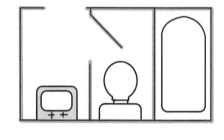

优点

相对来说，是经济实惠而且使用方便的布置形式，不仅节省空间，组合方式也会比较自由

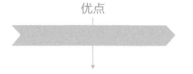

缺点

部分设备布置在一起，可能会产生相互干扰的情况

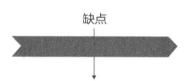

（3）独立型

卫浴空间中的盥洗、浴室、厕所分开布置的形式便是独立型。

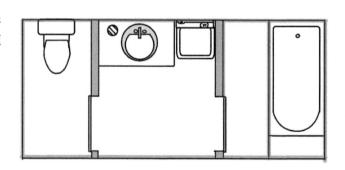

优点

各个空间可以同时使用，在使用高峰期时避免相互之间的干扰，各室分工明确，减少了不必要的等待时间，更为舒适，适合人口多的家庭使用

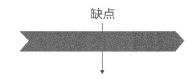

缺点

占用了较大的空间面积，造价也较高

3 卫浴间的格局与动线需求

（1）卫浴间的格局需求

由于现代住宅的卫浴间地面在建筑结构上都有预设的下沉箱体空间，用来铺设卫浴间比较复杂的水管与排污管，因此卫浴间的总体位置一般来说不能随意改动，在限定的区域内进行每个功能模块的调整也要根据管道铺设的具体位置，随意改动可能会造成排污管堵塞而且也很容易影响其他楼层的居住者。

小型卫浴间格局需求

小型卫浴间指的是面积在 $3 \sim 4m^2$ 的卫浴间，这个面积的卫浴间在中小型的住宅中比较常见，由基本的单人盥洗区、便溺区、淋浴房几个基本功能模块组成，以提供日常生活中必需的卫浴功能。

小型卫浴间的布局原则是各功能模块以紧凑、舒适、合理为原则，在满足人体工学所需最小尺度的条件下，使家庭成员都能方便、高效、舒适地使用卫浴间。

中型卫浴间格局需求

中型卫浴间面积在 5~7m²，对于中小型住宅，这个面积的卫浴间属于比较宽敞的主卫，对于大型住宅来说，这个面积的卫浴间属于中等大小的主人卫浴间或者比较大的次卧卫浴间。中型卫浴间空间较为宽裕，基本可以做到干湿分离或者卫浴分离。

一般中型卫浴间都是为主人卧室设置的，多为双人位盥洗空间，通道也比较宽敞，卫浴间内有足够的空间设置浴缸，坐便器也最好有一定的隔断措施与其他空间分隔，做到卫浴分离。

大型的卫浴间一般指 8m² 以上的卫浴间，多出现在大型住宅的主人套间中。这个面积的卫浴间，已经不是一个仅仅提供基本卫浴功能的空间，它可以做到每个功能模块都能各自成专门独立的空间，彼此流通，又互不影响，通道与活动空间宽裕。一般浴缸都临窗而设，有较好的光环境，使沐浴超出了日常清洁的功能，变成一种休闲方式。盥洗区也可以设置梳妆台，扩大卫浴间的清洁、护理功能，使得生活更加舒适。

（2）卫浴空间的动线需求

卫浴间在布置时可以避开大家聚集的地方，设立在走廊与卧室的中间，并分别与其保持一定距离；也可以和厨房一并布置在邻近玄关的位置，有利于管线集中。同时，最好做到厕所门开着的时候，从外面看不到坐便器，以保护隐私。

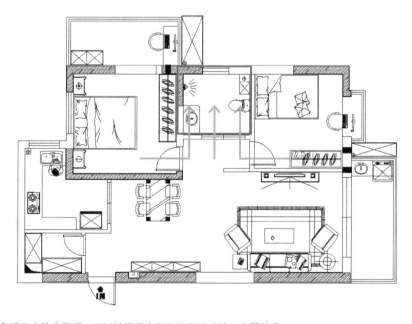

↑ 设置在卧室附近，可以缩短卧室到卫浴间的动线，方便使用

↑ 和厨房布置在一起，管线比较好处理，可以很好地为公共区服务

4 卫浴洁具的合理动线尺寸

（1）常见卫浴洁具与尺寸

坐便器	滚筒洗衣机	台盆柜
宽 400~490mm	宽 450~600mm	宽 450~600mm
高 700~850mm	长 600mm	长 600~1500mm
座高 390~480mm	高 850mm	柜高 800~900mm（台柜设计）
座深 450~470mm		450~650mm（吊柜设计）

浴缸

宽 700~900mm

长 1500~1900mm

高 580~900mm

碗盆柜

宽 400~550mm

长 600~1200mm

柜高 600~700mm（台柜）

350~400mm（吊柜）

立式洗面器

宽 400~475mm

长 590~750mm

高 800~900mm

电热水器

长 700~1000mm

直径 725mm

（2）卫浴洁具动线尺寸关系

① ≥1060mm 沐浴间的尺寸。需要预留一人弯腰的距离

② 380~440mm 沐浴间座位的高度。该高度基本与日常使用的座椅持平

③ ≥305mm 沐浴间座位的深度。通常还可以作为置物面使用

④ ≥1830mm 成人用淋浴喷头的高度。该喷头可以调节，因而具体到某一个使用者，其高度可以自行选择

⑤ 1015~1270mm 淋浴头开关的高度

① 455~760mm　洗手台到障碍物或者墙的距离。455mm 是人弯腰洗脸时所需的最小距离

② 355~410mm　两个洗手台之间的距离

③ 530~660mm　洗手台台面的深度

① 男性：940~1090mm 女性：815~914mm 儿童：660~813mm 洗手盆的高度。可根据具体的使用者进行定制化设计，优化动线的立体呈现

② 305~460mm 坐便器侧边预留距离尺寸。坐便器周边尺寸需要保证足够的活动空间，以便于伸手拿到手纸、杂志等物品

③ ≥500mm 坐便器到障碍物的距离。坐便器前方需要留出保证如厕动作流畅方便的距离

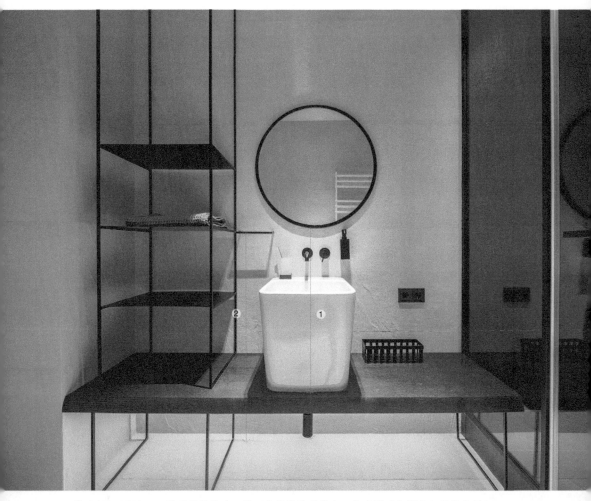

① 1300~1350mm　镜子距地尺寸。尽可能地将镜子的中心部分置于与视线相平的位置

② 900~1500mm　毛巾架的高度。毛巾架高度的调节范围较大，通常要高于人弯腰洗脸时的高度，这样人可以在洗漱后快速地拿取毛巾

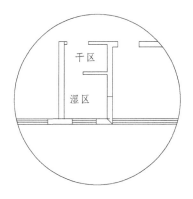

优化前：干区占有面积充足，使用很舒适，不会影响洗手柜的安装与使用。但问题体现在湿区，在当前的面积内要设计淋浴房与坐便器，会拥挤不堪，在里面转身移动都很麻烦，而且还不能设计平开门，只能设计推拉门。

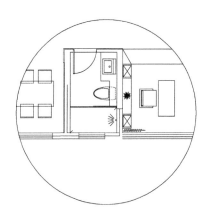

优化后：拆除干湿区的隔墙，使其成为一个整体的卫浴间，可以让卫浴间内部的面积分布更均匀，将原本较多的干区面积与湿区面积相结合，使得淋浴房、坐便器以及洗手盆的安装位置更合理。

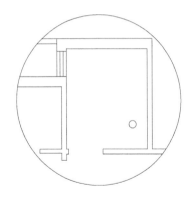

优化前：坐便器排水管的位置靠近门口，这导致坐便器必须安装在进门的入口处，洗手盆、沐浴间安装在最内侧。但该卫浴间开间不大，若坐便器安装在门口，那么卫生间将会面临进不去人的问题，使得动线不便。

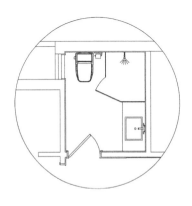

优化后：移动坐便器排水管到窗口位置，淋浴房的开门是斜向设计的，这可以为卫生间留出更多的流动空间，且不用担心淋浴房直角处，使得人在卫浴间的活动更为顺畅，动线更加合理。

思考与巩固

1. 卫浴间的布置形式有哪些？

2. 不同面积的卫浴间的需求有哪些异同？这些异同对于格局规划有何影响？

3. 卫浴间的动线组织和其内部设施的关系是怎样的？

根据户型案例优化
动线的方案剖析

第四章

住宅空间的平面布局与动线设计，需要与具体的户型相结合。房间的排列和家庭成员的生活方式，都影响着动线的设计。动线的优化，不能够仅凭单一的想象和理论来实现，更需要的是与现实户型案例结合，才能找到最合适、最方便的动线规划方案。

扫码下载本章课件

整合功能空间，小面积内的大享受

——— 购物动线	▉ 回来之后，可以从餐厅直接进入厨房，将购买的食材和用品放在厨房进行整理；
——— 访客动线	▉ 来客从正门进入，然后直接到右侧客厅，不会经过主人私密区域；
——— 家人动线	▉ 家人从玄关直接进入，经过次卧室门口到达主卧，或者进入客房。

收纳柜利用了墙面，客厅附加了多种功能

　　收纳柜从地板延伸到顶棚，可以存放书、杂志或玩具，柜体下部有可以储藏物品的柜子。访客进入客厅时可以进行观赏，促进交谈；而家人可以从收纳柜上拿取书籍后直接进入客厅进行自由阅读。

B

主卧与次卧平行，保证各自的私密性

主卧与次卧在最里面，穿过客厅旁的走道即可到达，这种格局布置既不会被访客打扰，同时进出房子的动线也十分简单、流畅。主卧和次卧对门设置，距离不远，有助于随时交流。但因为中间夹着卫生间，所以也能够保证每个卧室相对安静的环境。

榻榻米实现空间多功能化，读书、休憩、交谈都能实现

当孩子有比较重要的伙伴前来玩耍，又不想在客厅进行交谈时，需要一个相对私密的访客空间，榻榻米式的房间可以满足孩子想要能保护隐私的交谈空间的需求。白天可以用作交谈、休闲的座席，充当客厅的作用；晚上能休息安眠，实现卧室功能。

餐厅与厨房、客厅在一条
直线上，活动方便又能观
察家庭情况

　　餐厅与厨房紧靠，在厨房做完饭
后可以直接将菜端上餐桌，简单快
速；同时坐在餐厅吃饭，也能直接看
到客厅，便于随时回应家人的要求或
者关注孩子的情况。

关上门就是独立型厨
房，打开门就是开放式
厨房

　　平常是开放型的厨房，只要将透明
推拉门关上就变成了独立型厨房，这样
使餐厅和厨房空间连为一体，增加餐
厅采光度，视觉上也让餐厨空间显得更
大。厨房采用了 U 型布置方式，将厨房
相邻三面墙均设置橱柜及设备，依次为
水槽、操作台、燃气灶，动线流畅且符
合做菜的操作顺序。

洗衣晾衣，阳台空间一步完成

如果把洗衣机放置在卫浴间，那么在洗涤衣物时就需要在卫浴间和阳台之间反复来回，但如果把洗衣机放置到阳台，并配有洗手台，那么阳台就有了家务功能。洗好的衣物拿出来就可以直接进行晾晒，不用再来回走动，省力又提高效率。

灵活的门、窗、帘使用法则

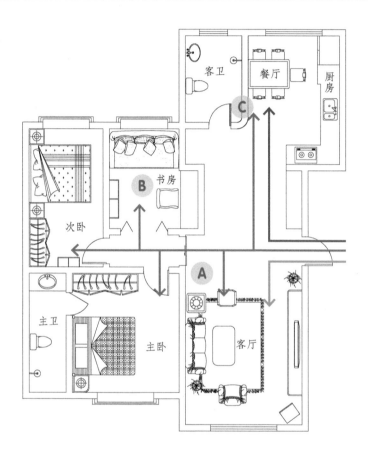

	购物动线		从玄关经过，到达合设的餐厅和厨房，动线流畅，没有多余的分叉；
	访客动线		动线比较简洁，通过玄关后直接进入客厅，不与其他区域的动线过多交叉；
	家人动线		该动线分布空间较广，并且与访客动线进行了良好的区分，有助于保护隐私。

隐藏式推拉门，划分公共区与私密区

将原有的门洞做成推拉门的形式，并且与沙发背景墙进行一体化的设计，使得原有走道化于无形，保证了卧室的私密性。

B

运用百叶窗改善书桌的采光

　　将原来书房的墙打掉一部分，并向玄关处延长，采用百叶窗的形式进行实体分割，从而为书房提供了一个摆放桌子的凹型区域，扩大了书房的使用面积。百叶窗形式相较于墙更为灵活、有生机，还可以为桌面提供一定的天然光。

窗帘之后，是厨卫存在的领域

　　窗帘比常见的推拉门价钱更便宜、机动性更强，这种软分割的方式也具有很大的弹性，在有访客时，可以拉上窗帘避免窥探；只有家人时，则可以拉开窗帘，让空间联动，又有开放性。

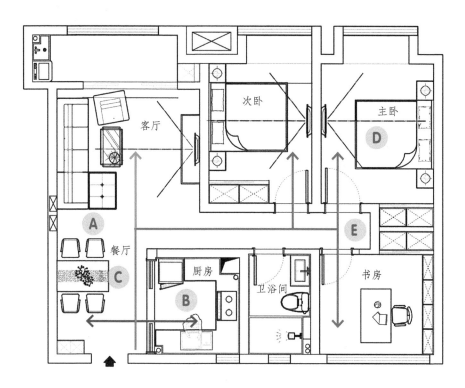

分区隐性共融，打造联动空间

—— 购物动线

—— 访客动线

—— 家人动线

三条主动线重叠，节省了空间，创造空间的最大使用效率；

进门右侧是厨房，左侧是餐厅，买回东西可以直接放入厨房或者放在餐桌上；

访客进门再往里走可以直接来到客厅，过程中也不会看到任何私人领域的情况；

家人从玄关进入，经过次卧来到主卧和书房。

A

边几分隔客厅和餐厅空间，
既不影响动线又能划分区域

　　公共区域的面积不太大，所以没有用硬性的分隔来区分明确的功能区，仅以一个小边几来分隔客厅和餐厅，给人一个过渡感。客厅和餐厅共用了一个动线，吃完饭后可以直接进入客厅休息，非常方便。在客厅也能随时准备好进入餐厅吃饭，有客人拜访时，客人从客厅到餐厅十分便利，能够给人热闹而温馨的感觉。

B

厨房与餐厅在一条直线，上菜收拾方便快捷

　　厨房和餐厅的位置在一条直线上，并邻近玄关，买好食材回来后，可以直接放入厨房。U 型厨房布置方式，实用高效，在灶台做好的饭菜可以直线送到餐桌上，不会经过其他功能空间，并且与餐厅距离较近，上菜、收拾碗筷等都十分方便。

C

玄关与餐厅合并，餐桌横向摆放提供的就餐座位更多

　　虽然相比于竖向摆放的餐桌，横向摆放可能会占用较多的空间并且影响动线，但结合大门的位置来看，门旁可设立一个玄关柜来满足收纳需求，横向摆放的餐桌并不会影响主动线的流畅性，反而可以提供更多的就餐座位，节省了空间，对于常规的三口之家而言是非常合适的。

卧室集中布置，动线更直接

　　卧室区域集中在一起布置，可以使得去往两个卧室的动线重叠，防止了来回折返。同时，卧室集中布置也能和其他空间保持距离，保障了卧室的私密性。卧室家具摆放的位置按照常见的搭配方式，只不过在摆放的方向上，以门的位置和开合方向为基准，门向左内开，所以家具的位置放在右侧更符合进门的动线，动线不会受阻碍，避免了行走的不便。卫生间距离卧室很近，使用也方便。

营造走道的美感氛围

　　户型格局出现狭长走道时，会给人不够明快的感觉，一般情况下，在保障安全的前提下可以将走道消除，扩大邻近空间。但不可避免的，有些户型的走道无法消除，那么可以利用灯光、装饰、色彩来让走道焕然一新，黑色装饰线强化走廊的高度，墙上的装饰挂件创造出舒适的美感氛围与视觉焦点。

保护主卧隐私的动线改造

——— 购物动线	■	三条主动线重叠，节省了空间，创造空间的最大使用效率；
——— 访客动线	■	进门右侧是厨房，购物动线简短、顺畅；
——— 家人动线	■	访客动线直接清晰，不会给客人带来困扰；
	■	家人动线虽然不长，但也简单快捷，同时也能保证私密性。

A

客餐厅一体，空间宽敞，同时共用主动线

由于整个公共空间是长方形的，短边采光且只有飘窗能提供自然光，所以没有选择高体量的家具，以避免遮挡光线的情况产生。开敞式的餐厅与客厅，视觉上显得宽敞通透，餐厅的位置避开了大门的位置，避免了一开门就会被看到饭桌的尴尬。餐厅与客厅共用动线，可以在招待访客的同时，在餐厅做些泡茶、准备点心等的小活动，避免因进出厨房而冷落访客。沙发旁的镜子兼具储物功能，可以在镜面后进行小物件的收纳。

客厅家具摆放灵活，次动线顺畅又方便

　　客厅家具的布置以三人沙发、茶几和单人躺椅组成，不管访客坐在哪个位置，出入都很方便。客厅与阳台之间使用小布帘对门洞口进行装饰，既能起到分割空间的作用，同时又不失美观。

小贴士

飘窗处可使用柜子的形式来增加储物面积。

一字型玄关不阻隔光线和动线，还有超大容量

进门空间比较窄小，又是三条主动线重叠的位置，所以仅在墙面做橱柜，满足进出门收纳的需求。这样既能发挥玄关的作用，又不会遮挡阳光，使得玄关更加明亮舒适，而且这种方式也让动线能够顺畅进行。

厨房内部次动线较短，操作顺序不重复

厨房内的动线也采用了最常规的L型布置方式，厨房内部的动线以水槽—操作台—灶台的顺序，符合日常做菜的顺序，家务动线顺畅，减少疲劳感。

次卧兼顾休憩、招待和收纳功能

次卧的空间较小，并且离公共区较近，所以采用了榻榻米式的布置方式，并且选择了可以大量收纳的家具，解决了整体空间收纳空间不够的问题。次卧可以作为客卧空间，因为离客厅较近，所以对于过夜的访客而言比较方便。

主卧室内移，原卧室分隔出储物间。

改造前的家人动线，从玄关到餐厅右拐后直接就是主卧室的门，这就意味着主卧空间与客厅空间正对，在客厅活动时能看到主卧的情况，这样主卧空间的私密性就没有了。因此，将主卧空间分隔出了一个小的储物间，利用半隔墙让动线延长，借以引导行走的动线进入主卧室，这样就能够保证主卧室的私密性。

玻璃分割，一种通透感与设计感相结合的方式

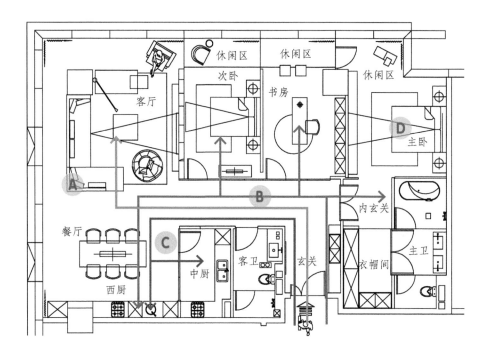

──── 购物动线

──── 访客动线

──── 家人动线

购物动线从大门开始穿过走廊后可到达厨房，较长的动线是在保障充足采光的条件下经过取舍形成的；

访客动线同样需要穿过走廊之后到达客厅；

家人动线从玄关的走道处便开始与其他动线分散，保证了家人动线的独立性。

回字形动线 + 落地窗，打造适合观景的客厅

巨大的落地窗能够大面积地引入自然光，让光线贯穿整个空间。客厅核心区的布置方式为 U 型，但在沙发后方设置了一条走道，使居住者能够在窗边驻足观赏，同时围绕沙发形成的环形流线也能提供多种行进的方案，较为便捷。

引导流线的走道设计

进入大门后，正对着的是书房玻璃墙的位置，从客厅落地窗照入的光以及玻璃墙面和石材地面共同构造的界面引导着人进入客厅，卧室处地面和大门的设计也能够让人及时驻足，保证了私人区域的隐秘性。

使用玻璃推拉门划分中餐、西餐厨房

　　西餐厨房与餐厅合设做成开放式，中餐厨房用推拉门进行隔离。这种方式既能够在进行西餐料理时促进与家人之间的交流，也能够在中餐料理时防止油烟外泄。

D

动线形成完整闭环的主卧空间

　　整个主卧空间具有两个出入口，分别是主卧的双开门出入口以及书房的出入口。书房可通过阳台进入主卧的休息空间，从而使得整个动线能够闭合，避免了动线具有死角的情况，可以让人在行动时更加方便顺畅。

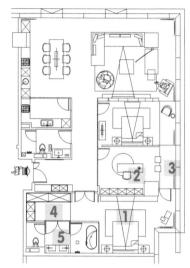

小面积也能享受的齐全的居住功能

购物动线	■	购物动线分散到了厨房和客厅两个地方，这种设计比较适合经常在冰箱拿取食物的场景；
访客动线	■	进门穿过玄关走道即可到达客厅，动线顺畅；
家人动线	■	家人动线从玄关的走道处便开始与其他动线分散，保证了家人动线的独立性。

利用高度差凸显功能分区
的界限

　　使用地台将原有地面抬高，
以在视觉上达成一定的功能分区，
为客厅开辟出休闲区域，丰富客
厅的表现形式。

玄关到卫浴间、卧室到卫浴间，方便简单的动线设计

玄关与卫浴间洗手台仅一柜之隔，卧室与卫浴间也邻近，因而动线较短，使用时很方便。干湿分离的卫浴间设计也能增强卫浴间的使用效率，有益于人体健康，同时还能避免洗漱和如厕冲突的情况。

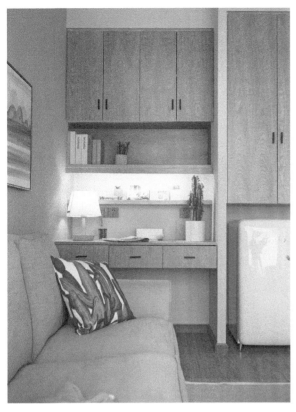

C

有限的空间里创造温馨的阅读区域

由于整体户型较小，没有足够的空间做成单独的书房，所以只能从客厅里借空间——在客厅的一侧设置入墙式的书柜、书桌，打造一个简易的阅读空间。

转起来的动线更有趣

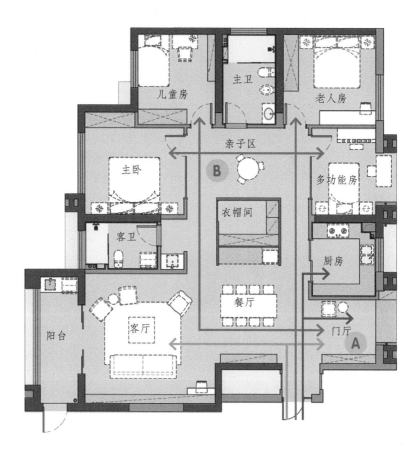

儿童房

主卫

老人房

亲子区

主卧

多功能房

衣帽间

客卫

厨房

餐厅

客厅

门厅

阳台

——	购物动线	■	购物动线是从大门处门厅换鞋后，再直行右转后即可完成；
——	访客动线	■	访客动线较为简洁，没有迂回，很是流畅；
——	家人动线	■	家人动线以衣帽间和餐厅为中心，各自进入卧室或娱乐室，采用了回游式的动线设计。

独立式玄关，套内动线开始的地方

　　以玄关作为起点，分别有三条动线从此开始，尤其是对于访客来往频繁的家庭来说，需要有一定的人流承载量。因而，这种独立出来的玄关能够满足多人换鞋、停留的需求，同时，开窗的一侧也有良好的风景，让人在进门的过程中体验更加愉悦。

B

环形流线连接家人的主要活动空间

套内整体进行环形流线设计时，要注意区分采光及通风的轻重缓急，如将需要采光、通风的卧室、客厅、厨房放置在四周，中部环岛布置衣帽间、亲子区、餐厅。环形动线的优势是可以随时开始和结束，也能够在不打扰他人的情况下到达指定位置，如可以在不打扰客厅中访客的情况下从容地进出家门，十分灵活方便。

多种多样的功能区分割法

购物动线

访客动线

家人动线

购物动线需要穿过客厅、餐厅厨房，但由于主动线的合并，所以整体较为流畅；

进门穿过玄关便可到达客厅，无需经过多次迂回；

家人动线从玄关到客厅、厨房、卧室和二楼，整个二层都为家人动线，行动极为自在。

玄关与楼梯的巧妙结合

　　大门的对开玻璃门让空间南北更通透，采光更好。一层的入口玄关处改造为小吧台，可坐在吧台透过窗观看窗外风景，玄关柜以及电视柜的布置结合楼梯的第二个踏布，自然形成换鞋座面，让老人和儿童动作时较为轻松，下方整排抽屉放置零碎物品，避免了空间凌乱，整体自然和谐。

活用虚拟分割和局部分割

　　采用自然树枝做隔断，划分出了餐厅空间。这种隔断方式较为灵活，同时与周围的实墙形成了虚实对比，营造出若隐若现的氛围，增加了趣味性。

C 小飘窗，分割出一个坐着眺望庭院的区域

　　飘窗的设计可以在视觉上划分出一小块休闲区域，丰富了卧室功能的表现形式。小飘窗的使用，可以作为一个观景、阅读的角落，使人身心愉悦。

D U型书房，让动线更明快的布局方式

　　将书架满墙布置，桌面呈现"L"形，这样可以有效缩短桌面到书桌的动线，让次动线更为简洁。

浴帘，最简单的卫浴间分区法

　　浴帘能够有效防止洗浴时的水花四溅，同时也能在洗浴时让他人使用卫浴间，一定程度上能够共用，减少了同一时间段动线集中进入的不适情况。

在一条线上创造丰富的娱乐空间

  在二楼的开放空间中，分别设置了书房、架子鼓区、休闲区、阳光房，这四个功能空间设置在一条直线上，联系方便，动线简单。

打造方便的家务动线

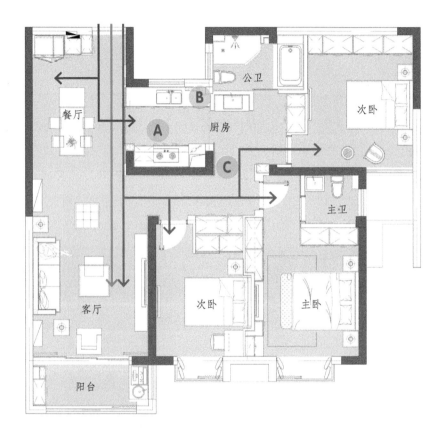

▉	由于冰箱位于玄关处，因而购物动线可以和玄关处共用动线；
▉	进门穿过餐厅后到达客厅，动线不经过私人区域，因而对家人动线影响较小；
▉	家人动线较为顺畅，值得一提的是，购物动线结束后，可从厨房区域直接衔接私人区域的家人动线，防止折返。

购物动线

访客动线

家人动线

A

烹饪、上菜，一条动线解决

　　餐厅紧邻厨房布置，烹饪完成后能够直接到餐厅，没有复杂的动线迂回。二字型的厨房格局可以形成三角形工作区，次动线较短，减轻疲劳。

将和水有关的家务空间整合

　　厨房保留了两个出入口，因而可以直接穿越厨房到达卫浴间，减少了不必要的往返，也防止水滴落在公共区域的走道处。同时，厨房和卫浴间联系紧密，因而管线比较好安排。

卧室到卫浴间，简单的洗漱、打扫动线规划

该卫浴间采用干湿分离的方式，将洗手台外置，提高了利用率，缩短了洗漱的动线和简单打扫时的动线，效率更高。主卧有卫浴间，因而公卫的湿区主要为两个次卧服务，且次卧距其位置较近，更方便家人上厕所。

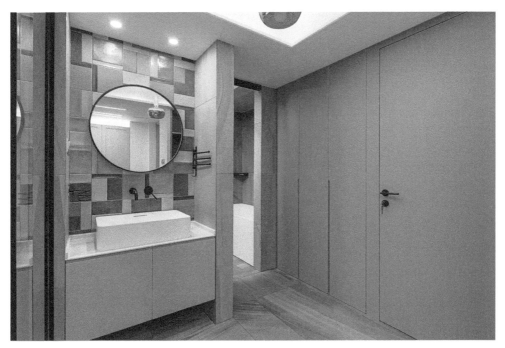

小公寓中的动线合并法

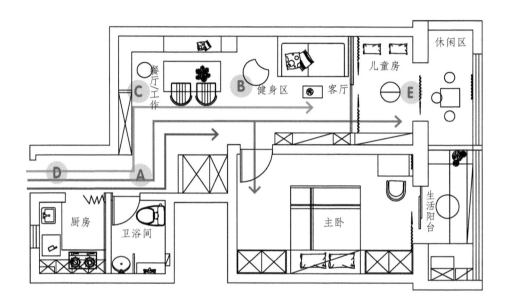

——— 购物动线		购物动线分为两条，这让人在行动时可以先在厨房区域进行简单的放置调整，然后进入餐厅将购物所得放入冰箱；
——— 访客动线		访客动线经过餐厅后到达客厅，动线可根据推拉门的开合情况继续延伸至阳台的休闲区；
——— 家人动线		家人动线与购物动线、访客动线大面积重合，为原有的小户型节省了空间。

A **不断重叠主动线，减少走道面积**

　　因为小户型的面积有限，所以需要严格把控交通面积，将其提供给主要的功能区使用。将入口—厨房—卫浴间—餐厅—客厅—休闲区的主动线重叠拟合，从而让空间的动线组织更为合理，使用时更有效率。

第四章　根据户型案例优化动线的方案剖析

B 主次线交叠的动线

　　将通向卧室、客厅的主动线和沙发到电视的次动线相结合，达到共用主次动线的效果，从而节省空间，让动线清晰流畅。

 流畅的收纳动线设计

由于整体户型较小，没有单独的空间用来做收纳，所以可以将边边角角都利用起来，提高空间的使用效率。该案例使用了高大的鞋柜、冰箱旁的定制柜、卧室床头收纳及两边到顶衣柜、休闲室的地台抽屉等，达到在有限的空间内部根据次动线来进行收纳设计的目的。

使用镜面让走道更开敞明亮

镜面的使用不仅能够增大走道的视觉宽度，还能方便人们整理衣着。且由于走道没有直接的采光，因而镜面也可以反射光线，改善采光效果，让使用者的心情更加愉悦。镜面搭配木质材料，可以中和玻璃本身的冷感。

实现弹性空间的移门、卷帘

在休闲区与客厅衔接处设置推拉门和卷帘，在有访客时，将推拉门打开，增大客厅进光量，方便通风，同时也可以在视觉上促使客厅的空间更为开阔，休闲区还可以在视觉上通过卷帘进行二次空间分割，让其具有灵活可变性。

开放与隐秘并存的大空间格局动线规划

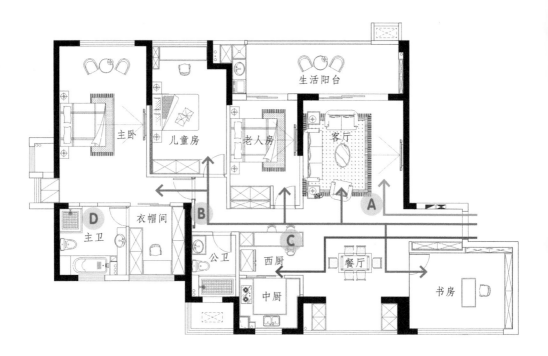

—— 购物动线

—— 访客动线

—— 家人动线

购物动线穿过玄关后转一个弯即可结束；

进门穿过玄关走道，右侧就是客厅，访客动线简短、便捷；

家人动线虽然较长，但次动线和主动线重叠，可节省空间，使动线更流畅。

串联客厅与餐厅，打破空间界限

　　客厅与餐厅之间毫不设防，实现了整体空间的融合，仅通过不同的家具来分区，弱化空间分割感，也能让动线在整个的长形空间中形成环绕。

拉长动线营造距离感

　　进入主卧要通过一条较长的走廊，这样就直接拉长了通往主卧的动线，这样的设计一方面能够将动线延伸，体现大户型的宽广大气，另一方面较长的动线能够暗示访客里侧属于私密区域，应该及时留步，保证主卧的隐私，使主卧不暴露于公共空间。

营造开放空间的吧台

吧台属于半开放的设计，能够免除封闭感，也可以将原有过道和西餐厨房相结合，从而利用了过道的面积。

宽敞的主卫，适应多种卫浴方式

该主卫面积较大，因而在功能设计上增加了浴缸，满足主人的沐浴需求，动线上则根据使用的频繁性进行家具的布置，如将洗脸盆放在最外侧，使其得到最大程度的利用。

好客的家庭，宾至如归的规划方式

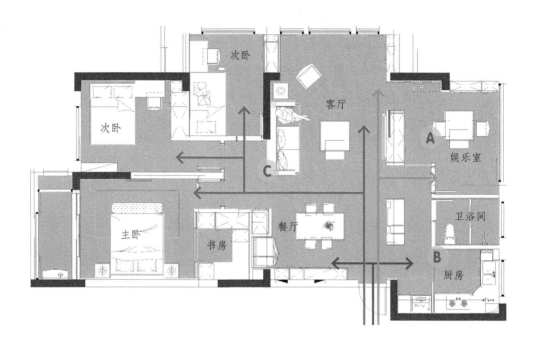

次卧

客厅

A

娱乐室

次卧

C

卫浴间

主卧

书房

餐厅

B

厨房

——— 购物动线

■ 购物动线从玄关处分化为两条，分别通往冰箱和厨房；

——— 访客动线

■ 进门后的公共区域分成了客厅和娱乐室，因而动线可以形成回游路线；

——— 家人动线

■ 家人动线逐步从公共区域到私人区域有序渗入，规划比较有秩序性。

娱乐室与客厅，回游动线加强联系

电视后方是娱乐室，两道门的设计能够与客厅共同形成"回"字形的动线，从而避免在他人看电视时因为行走而引起视线干扰。若晚上访客需要留宿，还可以在娱乐室休息，不影响同一时间段内的家人动线。

B 将厨卫设置在玄关旁

厨房设在玄关附近可以方便购物时放置、简单加工食品。考虑到接待访客，卫浴间采用干湿分离的方式，干区方便访客进门时洗手，整理衣装；湿区放置在较里的区域，可以减少噪声。

C

保证卧室隐私，让流线及时终止

　　书房与另外两个卧室共用一条走道限定出一个小空间，提示访客此处属于较为私密的区域，让其行动路线停止，以保证其私密性。

根据实际需求设计的空间围合术

购物动线

访客动线

家人动线

购物动线穿过玄关后转一个弯即可结束；

进门穿过玄关走道直达客厅，动线距离较短；

家人动线虽然较长，但次动线和主动线重叠，可节省空间，使动线更流畅。

适合多人使用的半开放式的中岛餐厨

　　餐厅以餐桌和岛台为中心，面积充足，因而有足够的空间供人就餐，客人来访时也有加餐椅的余地。左侧的餐边柜部分可以放置一些家用电器，简单地对食物进行加工，右侧则是典型的 U 型厨房，采用玻璃推拉门进行分割，门拉开时，无形间拓展了餐厅的整体视觉效果，让其更加开阔，在厨房工作时也能对餐厅的情况一览无余。

B 根据空间开放性确定围合方式

　　客厅为公共空间，因而围合一般是采用界面、家具的形式；书房属于半开放空间，采用了墙和玻璃共同围合的形式，保证了一定的视线阻挡性和隔音性能；卧室则完全属于私密区，实墙分隔也让卧室的舒适性得到保证。

收纳和清洁动线合二为一

　　客厅的一侧,即卫浴间的外墙整体设计为蓝色的储物柜,并很好地将卫浴间的门嵌入其中,在表现形式上高度统一。而且将洗衣机放置于定制的收纳柜中,并配有操作台面,满足家务和收纳的双重需要,同时合并了主、次动线,减少无效运动,提高了效率。

创造两代人共享的空间，但又能保持各自独立性

▬▬▬ 购物动线	■ 购物动线穿过玄关后转一个弯即可结束；
▬▬▬ 访客动线	■ 进门穿过玄关走道，经过餐厅后就是客厅，访客动线简短、便捷；
▬▬▬ 家人动线	■ 家人动线设置的比较分散，这也使得彼此间的干扰减少。

拓展立面的收纳动线，让公共区呈现整洁感

将电视墙改造为一体的电视柜，更好地利用了墙面空间，使得动线能够在立面上延伸，为两代人共处提供了干净整齐的空间。

B **集中布置的卫浴间的动线组织**

卫浴间设备在一个空间内部布置时，需要掌握设备的空间尺度，分析动线的走向与尺寸。如在开门的一侧设置洗脸盆能够将过道和使用空间相结合，既能整合动线，又有效利用了空间。

C 分散布置的主卧和儿童房

　　主卧和儿童房分散布置，保证了各自的独立性，从而使两代人有独处的时间，避免布置在相邻房间引起的噪声等问题。

D 实现三角形动线的厨房布置

　　厨房表现上呈现 L 型布置，但实际上厨房通过占取一部分卫浴间的面积获得了一个凹进去的空间，从而为厨房的电气设备提供了放置的场所，形成了最省力的三角形动线。厨房的一侧还通向了储藏间，可以将家务、储藏活动集中在一起，方便使用。

清晰的空间布置有助于动线规划

—— 购物动线	■ 购物动线较长，需要穿过餐厅和娱乐室，但这种动线设计能够最大程度上保证餐厅空间布置的完整性；
—— 访客动线	■ 进门右转便是客厅，访客动线简明扼要；
—— 家人动线	■ 家人动线较为独立，除了在公共区必要的交叉之外，其他的动线都很顺直，没有明显交叉。

 精简访客动线

访客在通过玄关之后便可直达客厅，非常方便，且由于客厅布置在套型的外侧，也能避免访客动线的过度深入。

 合理的餐厅区域划分方式

通过加隔断的方式改变原来一进门便是餐厅的状况，让动线迂回前进，视觉上也能形成遮挡。

C 开放式厨房，加深交流的好方法

开放式厨房和娱乐室、餐厅邻近，在烹饪时能够有效促进交流，同时也能促进家人参与家务。站在厨房也能环顾邻近空间的情况，且主要动线集中在厨房一侧，不与其他动线交错，行动也比较顺畅。

D 通向主卧的动线设置

主卧设置在走道的最里侧，长走道也能增加空间的深度，而动线的延伸也能在一定程度上告知访客前方为私密区域。